多级软柱塞抽油泵分级承压特性与试验研究

户春影 著

哈尔滨

图书在版编目（CIP）数据

多级软柱塞抽油泵分级承压特性与试验研究 / 户春影著．-- 哈尔滨 : 黑龙江大学出版社，2023.6
ISBN 978-7-5686-0986-9

Ⅰ．①多… Ⅱ．①户… Ⅲ．①抽油泵－柱塞泵－承载力－试验研究 Ⅳ．①TE933

中国国家版本馆CIP数据核字（2023）第101815号

多级软柱塞抽油泵分级承压特性与试验研究
DUOJI RUANZHUSAI CHOUYOUBENG FENJI CHENGYA TEXING YU SHIYAN YANJIU
户春影　著

责任编辑　于晓菁
出版发行　黑龙江大学出版社
地　　址　哈尔滨市南岗区学府三道街36号
印　　刷　北京虎彩文化传播有限公司
开　　本　720毫米×1000毫米　1/16
印　　张　13.25
字　　数　210千
版　　次　2023年6月第1版
印　　次　2023年6月第1次印刷
书　　号　ISBN 978-7-5686-0986-9
定　　价　52.00元

本书如有印装错误请与本社联系更换，联系电话：0451-86608666。

前　言

软柱塞抽油泵是一种新型油田举升装置，它具有防垢、结构简单、维修方便等特点，尤其是防垢特性使得其对于采用三元复合驱采油技术的井况有很好的适应性，备受国内外油田的重视。但是，软柱塞抽油泵在生产中暴露出的检泵周期短等缺陷是其被大面积推广与应用的瓶颈。因此，研究多级软柱塞抽油泵分级承压特性，进行软柱塞的结构设计及参数优化，对延长软柱塞抽油泵的使用寿命、降低原油开采成本有重要意义。

本书以抽油泵的多级软柱塞为研究对象，采用理论分析与试验研究相结合的方法，旨在揭示多级软柱塞抽油泵的分级承压特性，为多级软柱塞抽油泵的推广应用提供理论基础和科学依据。本书主要的研究内容如下：

(1)本书以应变率为参数对聚氨酯、聚醚醚酮试件进行单轴拉伸、单轴压缩及压缩应力松弛试验，构建了软柱塞数值模拟计算模型，并对多种模型的应力-应变进行评估，确定采用表征能力强的三阶 Ogden 模型作为聚氨酯的本构模型；分析不同应变率下聚醚醚酮材料的拉伸、压缩变形行为，根据相关系数确定各模型描述聚醚醚酮材料流动特性的精度，确定 Johnson-Cook 模型为聚醚醚酮的本构模型。

(2)本书针对聚氨酯、聚醚醚酮、丁腈橡胶软柱塞进行有限元分析，确定软柱塞摩擦磨损特性试验参数，进行软柱塞与泵筒摩擦磨损模拟试验研究；分析扫描电镜下不同软柱塞材料的磨损形貌，确定聚醚醚酮的磨损以疲劳磨损和黏着磨损为主要磨损形式，聚氨酯、丁腈橡胶的磨损以疲劳磨损和磨粒磨损为主要磨损形式；探索摩擦系数、磨损量、磨损率随法向载荷、滑动速度变化的规律，优选综合性能优良的聚醚醚酮作为软柱塞材料。

(3)本书采用双向流固耦合方法构建多级软柱塞与泵筒的垂直环形缝隙流模型，以任意拉格朗日-欧拉(arbitrary Lagrange-Euler，ALE)法描述流体和固体的分界面位移问题，以迭代方式求解软柱塞的变形量与应力，探索多级软柱塞抽油泵的压力分布规律，得出其分级承压特性；基于流体力学和质量守恒定律分析了影响泄漏量的相关因素(包括软柱塞长度、软柱塞厚度、软柱塞-泵筒副初始间隙、工作压差等)，采用理论分析与数值模拟相结合的方法探索了它们对泄漏量的影响；通过改变软柱塞长度、外径，提出抽油泵多级软柱塞的结构设计及参数优化方法。

(4)本书建立多级软柱塞抽油泵模拟试验装置，通过测试软柱塞级数递增时抽油泵的出口压力，揭示多级软柱塞的压力分布规律，以构建的预测试验模型验证了分级承压特性的正确性；采用称重法测定抽油泵出口流体的实际质量排量，得到在不同结构参数及运行参数下多级软柱塞抽油泵的试验测试泵效，探索试验测试泵效与数值模拟泵效的误差范围，验证多级软柱塞抽油泵计算模型及物理模型的可靠性。

基于实际工况及双向流固耦合问题的复杂性，相关研究工作有待进一步深入，在本书的基础上，笔者对后续的研究工作提出以下几点设想：

(1)后续的研究工作可以考虑从聚醚醚酮软柱塞检泵周期试验测试方面开展，同时，建议研制疲劳磨损试验装置，根据试验数据确定软柱塞材料的疲劳磨损寿命。

(2)后续研究中可考虑软柱塞-泵筒副偏心引起的变化，结合流固耦合计算条件，进一步分析软柱塞的力学特性，使模拟结果更接近实际情况。

(3)由于影响抽油泵泵效的因素较多，实际工况很复杂，因此今后可以在更多领域进一步探索研究。例如：将每级软柱塞外壁面制成不等直径，探索角度参数对多级软柱塞的影响；模拟水、原油及天然气三相介质条件开展多级软柱塞抽油泵的泵效试验研究；等等。

本书的出版受到学成、引进人才科研启动计划项目“抽油泵多级软柱塞分级承压特性研究(XDB202102)”、“三纵”科研支持计划基础培育项目“抽油泵软柱塞磨损机理与试验研究(ZRCPY202103)”的资助。本书可供石油工程相关专业的学生和石油开采技术人员参考。

由于笔者水平有限，掌握资料不全，因此书中难免有疏漏及不妥之处，恳请各位读者批评指正。

户春影

2023年3月

目　录

第1章 绪　论

1.1 研究背景及意义

目前,我国石油开采已经发展至三次采油技术阶段。随着地下石油储量的逐年缩减,开采环境变得越发复杂,原油的开采难度日益加大,这对油田举升装置的设计和开发提出了更迫切、更高的要求。国内外各油田常见的举升装置包括柱塞抽油泵、螺杆泵、电潜泵、水力泵、气举等。其中,柱塞抽油泵具有结构简单、作业方便、可靠性高、适应性强、举升性能优良、对油管有保护作用等一系列优势,有良好的经济效益和社会效益,是目前石油开采中应用最早且最广泛的举升装置。

抽油机-抽油杆-抽油泵常常被石油钻采工程人员称为采油机械中的三抽,它以较强的工况适应性在油井作业中发挥着举足轻重的作用。抽油泵在石油开采过程中应用范围广、发挥作用大,因此其得到许多石油钻采工程人员和科研工作者的青睐。目前,越来越多的学校和科研单位参与到抽油泵的研究、设计、应用等环节中。

抽油泵由接箍、泵筒、固定阀总成、柱塞总成等部分构成。一般在井下工作时,抽油泵上部与油管柱连接,下部连接带筛管的泵下尾管。柱塞在泵筒内做循环往复运动,完成原油的抽取及排出过程。柱塞、泵筒、游动阀是抽油泵的核心部件,直接影响开采过程中的理论质量排量和举升效率,相关研究人员以其为重点开展了大量的研究工作,并取得了一定的理论与试验成果。常规抽油泵柱塞和泵筒的材料一般为合金钢。为了提高耐磨性能,泵筒材料表面处理工艺一般为45钢表面化学镀镍磷合金、303钢表面镀铬、4%~6%铬钢加压氮化等,柱塞材料处理工艺一般为碳钢镀铬、碳钢激光处理、海军黄铜化学镀镍磷合金、莫内尔合金镀铬等。简而言之,常规抽油泵柱塞与泵筒大多采用金属-金属表面接触方式。

随着石油开采难度的加大,一些油田相继采用以碱、聚合物溶液和表面活性剂为驱动液的三元复合驱采油技术,使原油开采率提高20%以上。但是,加入聚合物后,一些矿物组分发生溶解和迁徙现象,导致在抽油泵的柱塞和泵筒之间产生铝硅酸盐混合物,严重时会出现砂卡和结垢现象。在结垢高峰期,抽油机井检泵周期大幅缩短,仅为70多天。因此,针对柱塞-泵筒副的易结垢、使用寿命短等现象,如何扩大其应用范围一直是亟待解决的问题。目前,解决三元复合驱油井结垢问题常采用两种方法:一种是以化学防垢方式实现延长检泵周期的目的;另一种是以非化学防垢方式进行工作,如单级液压自封软柱塞抽油泵就是一种基于金属-非金属表面接触的采油装置,它在原油、水、天然气三相混合介质及中高温条件下运行,在解决常规柱塞-泵筒副结垢问题方面取得了一定的成效。现行单级液压自封软柱塞抽油泵的密封形式有皮碗和密封圈两类,软柱塞与金属泵筒之间采取过盈配合的方式。受到软柱塞几何非线性、接触非线性、材料非线性,泵筒金属与柱塞高分子材料材质特征差异,以及对井下实际工况的敏感性等诸多因素的限制,对抽油泵软柱塞的分析计算难度较大,对其进行的深入研究甚少,而且相关产品和技术没有得到有效发展和长足进步。因此,单级软柱塞抽油泵未能得到广泛应用。

对软柱塞抽油泵的工作原理进行分析,在上、下冲程中,软柱塞受到交变载荷的作用。尤其是在抽油泵运行的中后期,随着工作时间和运行次数的增加,承受交变载荷而产生弹性形变的软柱塞受硬度较高的泵筒表面金属颗粒的作用,在软柱塞表面势必产生磨损现象。工作时,随着泵挂的加深,井下压差增大,接触应力的交替变化会提高软柱塞发生疲劳磨损的概率。另外,在三元复合驱的石油钻采工作环境中,软柱塞抽油泵会受到环境、温度、介质、工作参数等多种因素的影响,这些因素共同决定抽油泵的检泵周期。

为了延长抽油泵软柱塞的使用寿命和抽油泵的检泵周期,有效提高其产能效率,本书构建了一种多级软柱塞抽油泵模型,主要围绕多级软柱塞的分级承压特性开展研究工作。我们通过单轴拉伸、单轴压缩及压缩应力松弛试验,确定软柱塞材料的本构模型及参数;根据抽油泵使用工况及性能要求,进行有限元数值模拟计算,确定软柱塞摩擦磨损模拟试验参数,对聚氨酯、聚醚醚酮、丁腈橡胶材料的摩擦磨损特性进行试验研究,从而对软柱塞材料进行优选;构建符合实际工况的抽油泵多级软柱塞的计算模型和试验模型,采用双向流固耦合方法研究抽油泵软柱塞在缝隙流压力作用下的变形,分析软柱塞的变形对流场的影响,得到多级软柱塞承压特性,确定抽油泵多级软柱塞的结构优化参数;在不同结构参数及运行参数条件下进行多级软柱塞抽油泵的模拟试验,探索结构参数和运行参数对软柱塞抽油泵性能的影响,验证多级软柱塞抽油泵的分级承压特性及相关理论。

本书采用有限元数值模拟与试验研究相结合的方法对抽油泵多级软柱塞进行研究,从确定非线性材料到分析摩擦磨损机理,从介绍缝隙流理论到提出分级承压理论,力求对多级软柱塞的模型建立及原理做充分而全面的研究。研究结果表明,减小软柱塞的接触应力可以延长抽油泵的检泵周期,设计性能优良、适应性强的多级软柱塞抽油泵对降低疲劳磨损引起的抽油泵失效概率、提高抽油泵采油效率、增加经济效益、完善采油抽油泵产品体系有十分重要的现实意义,同时可以为其他系列多级软柱塞抽油泵的设计及优化提供理论依据和参考。

1.2 抽油泵的发展概况

在抽油泵的研究方面,国外起步较早、投资较大。例如,资源型大国俄罗斯已开发出多种抽油泵,比如真空腔双活塞抽油泵、液压表面抽油泵、机械输送表面泵、长冲程抽油泵、悬置活塞的杆式抽油泵等。美国研制出一种特殊抽油泵,其泵杆处配有由活塞、密封圈和连杆组成的转换装置,可将作业时管柱中的液体转移到顶部,再向管柱内注入水、油或煤油等介质。使用这种结构的抽油泵时,可将转换装置的固定环形阀换成活塞上的回油阀,也可拆下环锁,活塞上的气锁也能解除。此外,既可以将这种抽油泵原有的转换装置改成通管,也可以将稀释剂注射到泵中,从而抽吸特稠油。诸如此类的特殊类型的抽油泵已占据了一定的份额。美国曾经研制出一种可以抵抗腐蚀的抽油泵。这种抽油泵以镀铬的密封圈或高分子材料密封圈作为密封装置,防止砂粒等杂物进入泵中,可以避免泵的携砂、漏失,能有力地延长泵在砂井中的使用寿命并提升采油率。

杆式泵具有良好的适应性,使用方便,得到了较广泛的应用。杆式泵在美国的使用率可达80%左右,在加拿大高至70%。国外已知的抽油泵的规格公称直径范围较广,最小的为28 mm,最大的为140 mm,能适应不同深度的流体。随着人们对深层资源的不断开发,深井开采的石油量逐年增加,各国对抽油泵生产工艺的投入加大,专用泵和特殊泵的占比逐渐由原来的10%向20%过渡。目前,国外长冲程泵及其配套泵的发展非常迅速,某些公司生产的抽油泵活塞的最大冲程可达20 m。

近年来,我国对特殊抽油泵的研究不断增加,主要研究成果有流线型泵、液力反馈泵、防气锁泵、斜井泵等。为了减少能源消耗,提升经济效益,提高运营及采油效率,我国研究人员研制出一种抽油泵,采用长柱塞、短柱筒结构,在工作时,阀罩暴露在泵筒外,可使泵头内无液体存在,从而避免结晶盐堵塞泵使抽油泵停止工作。组装的活塞机械密封装置具有效率高、使用寿命长等特点,无论压力差如何变化,其都能确保密封面的法线接触。例如,采用橡胶弹性密封环能够补偿密封面径向或轴向的磨损。我国已投入使用的柔软的密封式插座泵,依靠软密封环实现动态密封和气缸过盈配合,具有高密封性。软质密封装置可以使压力下抽油泵的扩展特性、封闭性能以及软质材料的性能得到提升。依据固定位置将杆式泵与固定的下部杆泵分割,针对底部固定泵,能延长杆式泵的使用年限,也可大大提升泵筒、柱塞对和阀门的耐用性。同时,应使泵筒和柱塞密封圈的材料配套,但必须注意组装材料应符合油井下环境保护的要求。我国研究人员分别以碳钢、50%铬钢、合金钢、模板合金等作为摩擦材料并运用对应的表面处理技术,根据综合解析、试验结果,查出表面处理技术、泵筒存在的问题以及柱塞初始故障,结合电子显微镜对摩擦磨损面进行观察与分析,通过优化泵筒与柱塞之间的摩擦材料以及对应的表面处理技术来延长抽油泵的使用寿命。

新中国成立初期,我国只有少数抽油井,所用的抽油泵主要依赖进口,直到后来国内一些科研单位研制出我国首台游梁式抽油机,相关技术才取得了稳步发展和长足进步。随着研制的抽油机种类和数量的增多,我国于1975年制定了抽油机的技术标准并不断完善。之后,为了适应不同地域和不同时期的井况,我国陆续研制了多种新型抽油机。近年来,约有40种新型抽油机获得专利授权,10余种抽油机进入试制阶段,逐步形成标准化、系列化的抽油泵产品,以满足各个油田开采的需要。

有杆抽油泵作为一种重要的人工举升装置,具有其他石油钻采装备无法比拟的优势,自问世以来在石油、化工等众多工业领域得到了广泛的应用。常规的有杆抽油泵主要包括管式泵、杆式泵、套管泵三种。其中,管式泵以工作时产液量大等优势受到研究者的青睐。管式泵工作时需要下在油管底部,可以使作业量大大增加,检修时需要将油管全部取出。管式泵主要应用在浅井及中深井中。然而,深井作业时通常选用检修工作量小的杆式泵,检修时只需将泵取出即可。杆式泵工作时下到油管中,致使产液量较小。在我国各油田的生产中,有将近80%运用的是有杆抽油技术。各种抽油泵结构性能的差异直接关系到油田的产量和效率。对于不同井下情况的油区,抽油装置的日常修理工作绝大多数都是与抽油泵故障相关。尤其是在油井不断向深层开采的情况下,管式泵的检修工作明显更加浪费人力和财力,而使用杆式泵则可以使检泵工作量减少约一半,检泵成本相对较低,相对于其他泵作业时间短。总体而言,杆式泵比管式泵更有优势。此外,国内以及世界其他各国大部分的油田已经处于开发和开采的中期,甚至进入后期阶段,管式泵的压倒性优势日益消退。套管泵不用油管,而是将泵直接下在套管中,适用于高产浅井。整筒抽油泵的泵效比衬套式抽油泵提高20%,柱塞泵筒的使用寿命也较长,并可节约40%的优质钢材,因此整筒抽油泵得到推广,衬套式抽油泵逐渐被淘汰。我国已由使用传统多段衬套管式泵阶段过渡到大量使用整筒管式泵阶段,以结构简单、易制造的管式泵为主,辅以杆式泵。管式泵在有杆泵中的占比约为80%,完成国内采油的主要量产任务。管式泵尽管排量大、制造容易,但修井作业量大,因此杆式泵在我国逐渐得到一定的推广应用。

随着石油开采条件的不断变化,开采难度逐步加大,地层出砂、油稠、含气量大是在采油过程中经常遇到的问题。为了解决这些问题,以适应不同井况,各种特殊用途的泵逐渐得到研究与应用,研究人员在特殊抽油泵领域开展了大量的工作并取得了一定的成果。

软柱塞抽油泵在国外先进的有杆泵采油生产中占据重要地位。在美国,软柱塞抽油泵在降低采油成本和解决一些特殊井机械采油问题方面的优势得到了普遍认同,很多采油设备制造公司都能提供品类齐全、性能优良、具有特殊用途的软柱塞抽油泵。

从结构上来讲,软柱塞抽油泵大致分为以下两种:

第一种软柱塞抽油泵是直接把柱塞的材料换成非金属材料,整个抽油泵的原理和其他抽油泵基本一样,柱塞与泵筒的配合方式为间隙配合,柱塞的长度和金属柱塞一样。总之,这种软柱塞抽油泵只是改变了柱塞的材料。

第二种软柱塞抽油泵采用液压自封原理:当柱塞处于上冲程时,柱塞上端高压油液可以进入柱塞内部使软柱塞受力膨胀,泵筒与柱塞之间的间隙减小,泄漏量减少;当柱塞处于下冲程时,柱塞上下压差相等,软柱塞恢复到之前的形状,泵筒与柱塞之间的间隙增大,下冲程阻力减小。

目前,国内外已经有很多研究人员致力于研制软柱塞抽油泵,主要包括以下几种:

(1)防砂(卡)泵

将常规抽油泵应用在出砂抽油井中,会使柱塞和泵筒受到砂粒磨损而降低泵效,严重时有可能使泵卡死,缩短泵的使用寿命。为此,研究人员和设计者研制出专门的防砂泵,这种抽油泵可以有效防砂减磨,延长使用寿命和检泵周期。

①长柱塞短泵筒防砂卡抽油泵

田荣恩等人研制了长柱塞、短泵筒结构的防砂卡抽油泵,研究结果表明这种抽油泵可以有效防止携砂生产时砂粒进入泵筒,避免砂卡问题。在采油工作中,整个出油阀罩始终在泵筒之外,可以消除泵的沉砂环境,减小抽油阻力;在中途停抽时,泵上的砂粒会沉到沉砂管中,可以防止砂埋、砂卡现象的发生。

②长柱塞双通道沉砂泵和活塞环型防砂沉砂泵

姜文峰研制了长柱塞双通道沉砂泵和活塞环型防砂沉砂泵。长柱塞双通道沉砂泵工作时,砂粒无法进入泵筒的密封间隙中,可以有效减轻泵的磨损,并避免发生泵的砂卡现象,彻底解决砂埋问题。他在普通管式泵基础上设计的活塞环型防砂沉砂泵采用弹性线形软密封的柱塞,用以补偿柱塞与泵筒间的间隙磨损;在泵筒外围及下部设计了沉砂通道及沉砂管,防止柱塞在停抽时砂埋,从而达到提高泵效和防砂排砂的目的。此外,他还提出了根据抽油泵的结构及工艺特点在不同出砂井上使用长柱塞双通道沉砂泵和活塞环型防砂沉砂泵的准则。

③等径防砂泵

罗燕等人设计了具有独特刮砂倒角结构的等径防砂泵。柱塞向上运行时,刮砂倒角可以把泵筒内壁的砂粒刮落到柱塞空腔内，有效减少和消除常规泵筒与柱塞之间砂粒对柱塞的硬性挤压摩擦力，从而避免砂卡现象。没有了砂粒的影响，柱塞受到的摩擦力将大大减小，从而可以延长抽油泵的使用寿命和抽油井的检泵周期。

④动筒式防砂泵

张端光等人设计了一种动筒式防砂泵，其吸入阀和排出阀均为开式阀罩，流体通过阀罩的局部阻力相对较小，有利于含砂量较多的井液从抽油泵中排出。上冲程时，动筒向上移动，排出阀关闭，压力随着容积的增大而降低，达到一定数值后泵下液体进入泵腔；下冲程时，泵内液体会排到上部的油管内；停抽时，排出阀关闭，杆管环空内的浮砂经沉砂筒自行下沉到下部的尾管，可以有效避免砂埋、砂卡现象的发生。

(2)防气泵

在油气比大的油井中使用常规抽油泵时，油液充满程度差，泵效低，还往往出现气锁现象，使抽油泵无法正常工作，更严重的是在这种油井中抽油常常发生液面冲击，会加快抽油杆柱、阀杆、阀罩、泵阀、油管等井下设备的损坏。为此，研究人员研制出了专门的防气泵。

①中空防气泵和中排气防气泵

叶卫东研究了抽油泵泵筒内气液两相介质的流动规律并建立了模拟试验装置，对比分析了中排气防气泵、中空防气泵和变径防气泵解除气锁的方式与特点，最终优先选用中空防气泵。中空防气泵是在常规抽油泵泵筒中部开有排气孔，上冲程时固定阀打开，游动阀关闭，油气进入泵筒；柱塞向上运动时，下端经过位于泵筒中部的排气孔后，泵筒与油套环空连通，从而使油套环空内的井液进入泵筒内，泵筒内的气体被排挤出，实现排气功能。中空防气泵可以有效防止气锁现象的发生，从而提高泵效和举升效率。下冲程时，柱塞开始下行，由于柱塞比下泵筒长，因此柱塞会将排气孔密封，此时中空防气泵的工作原理与常规泵一样。王宏华等人研究了抽油泵泵筒内防气技术，改进了中排气防气泵，并进行了应用试验，取得了良好的效果。

②环形阀防气泵

孙双改进了抽油泵的结构，以环形阀替代常规抽油泵的排气阀，并增加拉杆、摩擦环等部件。采用环形阀可以降低排出阀开启压力，从而减少气体对抽油泵的影响,达到防气锁的目的。下冲程时,随着一次腔内容积的减小和二次腔内容积的增大,二次腔内的压力明显低于一次腔内的压力,使一次腔内的压力液体流入二次腔内。环形阀防气泵可以使气体的影响作用减弱,提高泵效。

(3)抽稠泵

稠油的黏度高、阻力很大,用常规抽油泵无法使抽汲过程顺利进行,为了解决此类问题,研究人员研制出了适用于稠油井的抽稠泵。

①液力反馈式抽稠泵

姜凤玖等人研制了液力反馈式抽稠泵。这种抽油泵由两种不同直径的柱塞和泵筒有机串联而成,具有特殊的液压反馈结构。上冲程时,由大直径泵筒和小直径柱塞所构成的腔室内压力降低,油液在压力作用下顶开进油阀,可以通过不动管柱完成井下的测试和热采工作;下冲程时,液压反馈结构受到上部液柱的压力对柱塞产生向下的轴向力,可以有效解决稠油杆柱下行困难问题,使抽油泵能够在抽油井中完成正常的生产工作。

②浸入式抽稠泵

曾庆坤等人对浸入式抽稠泵及其配套工艺进行研究。浸入式抽稠泵改变了常规抽油泵的进油方式,其将稠油吸入泵腔内,从而作为柱塞浸入抽油。这种抽稠泵具有液压反馈力,可以将油管和套管之间液柱的压差转变为抽油杆柱的下行动力,能够解决在稠油井中遇到的杆柱下行困难问题。使用浸入式抽稠泵时,油液在上、下冲程中都可以进泵,因此这种抽稠泵具有很好的泵效。

③新型偏心抽稠泵

杜亚军针对现有偏心抽稠泵使用过程中存在的砂卡、脱扣现象,设计了一种新型偏心抽稠泵。他将该抽稠泵应用于油田现场的 36 口井中,结果表明单井泵效平均值可提高 4. 24%,原油累计增产量高达 1547 t,创造的经济效益达 1096000 元,可以满足油田大斜度井及稠油吞吐水平井的举升需求。

④变量抽稠泵

变量抽稠泵与液压反馈式抽稠泵的工作原理基本相同,不同之处在于变量抽稠泵的上、下柱塞之间用脱接器相连,使其处于两种不一样的排量工作状态。油井开抽时,井温高,原油的黏度低,可以把脱接器设置为“脱”位,此时吸入阀成为固定阀,可以实现大泵径抽油。当稠油的温度下降而原油的黏度升高时,可以将脱接器设置为“接”位，此时吸入阀成为游动阀，该泵等同于泵径相等的液压反馈式抽稠泵，可以实现反馈抽油。变量抽稠泵可以消除原油黏度升高造成的不利影响，增加产油量，降低开采成本，以达到提高泵效的目的，从而延长油井的生产周期。

1.3 软柱塞抽油泵的研究进展

1.3.1 自补偿软柱塞抽油泵及其研究进展

自补偿软柱塞抽油泵又称液压自封软柱塞抽油泵。这种抽油泵的软柱塞在上冲程过程中受到油液压力作用产生径向张力，使之膨胀并与泵筒紧密结合，因此具有自动补偿功能。下冲程过程中，软柱塞与泵筒之间保持合理间隙，减小软柱塞的下行阻力，同时能保证软柱塞与泵筒构成的摩擦副之间有油液润滑，减小两者之间的摩擦力，延长抽油泵的使用周期及寿命。自补偿软柱塞抽油泵具有泄漏量小、泵效高、泵筒磨损小、成本相对低等特点，受到越来越多研究人员的青睐。

徐金超设计了举升含聚合物黏弹性流体的液压自封柱塞泵。研究结果表明，这种柱塞泵的泄漏量明显小于常规泵，在柱塞与泵筒的间隙为 0.10～0.15 mm 时，其泄漏量比行业标准的要求低很多。柱塞与泵筒的间隙相同时，举升含聚合物黏弹性流体液压自封柱塞泵的摩擦阻力小于常规柱塞泵，能够有效解决聚驱井中存在的杆管偏磨及漏失问题，使泵效得到显著提高。

王艳丽等人研制了软柱塞可捞固定阀抽油泵。这种抽油泵的柱塞皮碗由氟塑料和一定的辅料加工合成，耐磨性能优良，外表面有磨损时可通过膨胀自动补偿，不会增大柱塞与泵筒的配合间隙。这种抽油泵进行检泵作业时，只要将柱塞连同固定阀一同起出，在地面更换损坏部件即可，不用进行起油管作业。

李强等人设计并研制了一种新型、高效的自封式软柱塞抽油泵。与常规抽油泵相比，这种抽油泵采用的软柱塞使其在实际应用中具有泄漏量小、抽汲效率高等性能优势。同时，新型自封式软柱塞的结构设计使其对泵筒的磨损程度降低，因此这种抽油泵的制造成本较低。

中国石油化工股份有限公司河南油田分公司石油工程技术研究院研制了一种软密封柱塞增效抽油泵。这种抽油泵采用软硬结合的软密封柱塞与金属泵筒作为密封配合副,在抽汲过程中,软柱塞密封筒与金属泵筒之间为零间隙配合,具有泵效高、检泵周期长、防砂、节能和可深抽等优点,并且在现场应用中取得了较好的效果。这种抽油泵对于提高低产低效油井的开发水平有重要的意义。

中国石油天然气股份有限公司辽河油田分公司设计、研制了一种新型井下抽油泵,即自补偿式软柱塞泵,其特点主要是能效高、成本低、对出砂井的适应性良好。该公司研制了一套软柱塞皮碗性能试验测试装置,对密封皮碗的承压性能和工作性能进行检测,并对其疲劳强度进行测试,结果表明密封皮碗的性能指标达到预期的要求,完全可以应用于现场。根据现场的应用情况可知,自补偿式软柱塞泵的泵效大幅提高,而且使用寿命可延长一个月。

崔立峰等人研究了液力启动软柱塞抽油泵在出砂区块生产中的应用问题。为了减少密封皮碗的磨损,他们在中心管上设计了减压槽,在支承环上设计了角度不同的截流传压孔,同时使减压槽的形状与截流传压孔的角度相互组配,实现压力的分散均衡,使每个密封皮碗在工作中承受相同的压力,从而具有相同的使用寿命。但是,该研究未能优选出性价比高的耐磨蚀材料以解决阀因冲蚀导致的漏失问题,如何提高密封皮碗的耐高温、抗老化性能,延长软柱塞的使用寿命,是其亟待解决的问题。

李俊亮研究了一种适用于油气井的液压自封柱塞泵柔性抽油系统。他采用多元正交试验优化柱塞、泵筒间隙参数,制定了室内试验方案,通过多次优化试验确定了合理的间隙值;解决了胶套溶胀、上拉载荷过大等问题,并据此研制了无间隙液压自封柱塞泵和无间隙液压井口密封装置;提出了柔性抽油系统效率计算模型和方法,根据柔性抽油系统构成的特点,分析了柔性抽油系统效率组成,建立了柔性抽油系统中各子系统的效率计算模型,并编制了计算软件。

1.3.2 非自补偿软柱塞抽油泵及其研究进展

许家勤等人针对传统抽油泵存在的应用于含砂井、三元复合驱易结垢油井时易卡泵、泄漏量大等不足之处,设计了新型组合柱塞防卡抽油泵,并在大庆油田有限责任公司第三采油厂试验期间有效地延长了检泵周期。这种抽油泵中的密封段组合形式的柱塞结构成功地在三元复合驱油井中得到应用。但是,这种柱塞结构受直径限制,决定了在泵径过小时很难设计成组合式柱塞,相关解决方案有待我们继续研究、探索。

王岩在分析三元复合驱防卡抽油泵的结构特点与工作原理的基础上,建立了实体模型。他利用 ANSYS 分析软件对防卡泵的密封段进行分析模拟校核,选择镀铬不锈钢耐磨密封环为防卡泵的重要零件,使泵效提高达 20%之多,同时设计了一个多元正交试验,优选其结构参数。他还对制造出的三元复合驱防卡抽油泵进行室内的摩阻与漏失试验。三元复合驱油井的工作环境及条件较为复杂,该三元复合驱防卡抽油泵在应用中暴露出一系列的磨损失效问题,需要对其进行进一步的探索。

李强通过分析三元复合驱油井的现状,研制了一种采用分段举升工艺与软柱塞技术相结合的三元复合驱软柱塞分段抽油泵。该装置以井下油管取代传统意义上的泵筒,并在其底部安装固定阀系统。他通过串联多个软柱塞提高抽油泵分段举升的分压能力和防砂卡性能,并在模拟井上进行试验验证其性能满足举升要求,这对进一步延长三元复合驱油井的检泵周期、提高生产效率有重要的现实意义和生产价值。

赵英志等人针对目前的聚四氟乙烯和尼龙的耐压、耐磨性能受限问题,开展不同软柱塞材料的室内温变试验和耐磨试验。他们分别对比分析了氟橡胶、丁腈橡胶、聚四氟乙烯、高分子聚乙烯、玻璃纤维尼龙和聚醚醚酮材料,最终采用耐磨性能、化学性能、尺寸稳定性优良的聚醚醚酮作为软柱塞抽油泵的主密封环材料,辅以尼龙密封材料替代钢体柱塞。现场试验结果表明,以聚醚醚酮软柱塞替代钢体柱塞不仅能满足井下工作要求,而且只更换软柱塞可以有效减少施工工序和降低作业成本。但是,他们仅对软柱塞进行了初步探索,并未深入研究抽油泵软柱塞的结构设计及参数优化,对于聚醚醚酮软柱塞在流场作用下的变形行为及其对流场压力分布的影响等问题也未做进一步探索。

1.4 流固耦合研究

1.4.1 概述

本书研究的在油液中运行的多级软柱塞是一种双向流固耦合的应用问题。流固耦合力学是固体力学和流体力学相交叉的力学科学分支。流固耦合力学的显著特征是固液两相介质之间相互影响,变形固体在流体载荷的影响下产生运动和变形,运动或变形又进一步影响流体载荷的运动,从而改变流体载荷的大小和分布。流固耦合系统具有一定的复杂性,既涉及固体求解又涉及流体求解,是两者都不可忽略的模拟求解问题,其求解立足于与计算机技术紧密联系的有限元法。

对流固耦合力学的认识可追溯到19世纪初,人们在研究机翼及叶片的气动弹性问题时发现并开始研究流固耦合力学。飞机叶片是一种弹性体,在气动作用下会发生气弹耦合振动,当发生失速颤振时,振动的叶片从气流中吸收的能量大于阻尼,引起颤振加剧,甚至造成叶片裂断。由于相关分析、计算较为复杂,因此对流固耦合问题的研究在很长一段时间内都处于进展缓慢、方法单一的状态。自20世纪60年代起,随着有限元法与边界元法的产生和发展,流固耦合问题逐渐得到研究人员的青睐和探索。在不同条件下存在形形色色的流固耦合现象。随着人们对流固耦合研究的不断深入,其应用除了在气体弹性振动领域取得了进一步发展外,还在涡轮机械设计、高层建筑工程、海洋工程、流体管路输送、人体脉动流动等流体弹性振动工程技术领域取得了极大的进步和长足的发展。应用流固耦合计算方法解决工程问题可以极大地提高结构的可靠性和生产的经济性。

目前,流固耦合在泵类设备中的应用研究取得了一定的成效,可以为研究软柱塞抽油泵提供理论基础。

吴小锋等人基于GAMBIT软件对斜盘式柱塞泵三维模型进行网格划分及细化,采用Fluent软件中的UDF方法探索了两相边界的运动规律,分析了流固耦合状态下柱塞泵的出口流量变化,并采用流体动力学方法对计算模型进行分析，旨在解决其数字化的设计问题。

刘洋针对轴向柱塞泵的流固耦合现象，采用 MOC-FFT 方法分析了其振动特性，采用特征线法对振动方程进行求解，再以快速傅里叶变换将时间域信号转变成柱塞泵的振动频率，得到压力和转速的变化规律；运用动力学的哈密顿原理进行流固耦合动力学的理论推导，根据离散模型建立有限元计算模型；在 Fluent 软件中将管道的三维模型导入，并进行紊流模拟及预应力模态分析。

聂松林等人通过研究流固耦合下不同柱塞套的结构参数变化及其在缝隙流作用下的变形特性，研制了一种间隙自动补偿的液压泵-柱塞副结构。研究结果表明，在相同的边界条件和工作压力下，柱塞套变形量随着材料厚度的增大而减小。此外，他们通过理论分析和试验验证得出，环形槽宽与柱塞套变形量有明显的相关性，环形槽宽随柱塞套变形量的增大而增大。

翟江采用对比分析法研究了高压轴向柱塞泵在海水淡化工程中的优势，使用计算流体力学（CFD）软件构建了基于海水流体属性的高压柱塞泵流量特性模型及随压力变化的动态模型。其采用流固耦合方法模拟了柱塞泵中的空气流动，计算了吸排液体流量、出口质量流量、平均压力脉动等参数；通过对获得的动态等效应力及位移数据进行处理，分析了高压柱塞泵的动力学特性，为轴向柱塞机械的研究和开发提供了理论依据。

杜发荣等人针对柱塞与球阀的运动开展理论分析和试验研究。他们基于 Fluent 软件构建了柱塞抽油泵的运动模型，进行柱塞与流场的耦合求解计算；使用 CFD 软件分析了柱塞抽油泵的流场，探索了速度场与压力场的变化情况，分析了柱塞运动的内部流场特性。

肖同镇使用 Fluent 软件模拟了泵油过程中喷油泵的温度场、速度场等流场变化，采用双向流固耦合方法对柱塞与间隙油膜展开研究，计算出间隙油膜流场的泄漏量，并分析了喷油泵柱塞间隙的泄漏特性。

1.4.2　流固耦合方法研究

随着计算机和数值计算方法的发展，对流固耦合的研究取得了深入的发展和较大的进步。各国学者针对流固耦合问题提出了不同的计算思路：一类是结构及流体部分采用有限元法进行离散计算，建立流体-固体耦合的方程式；另一类是结构部分采用有限元法进行离散计算,而流体部分采用边界元法进行离散计算。

有限元法是一种伴随计算机技术发展起来的弹性力学的数值计算方法。其基本思想是将计算域划分为有限单元且各个单元遵循互不重叠的原则,选择并确定各个单元的节点值,采用变分原理/加权余量法对由节点值或插值函数表达的微分方程进行求解。边界元法是在定义域的边界上划分单元,用满足控制方程(微分方程)的形状函数去逼近边界条件,以函数的线性组合表示未知函数。边界元法仅对边界积分方程离散、求解,因此其具有单元的未知数少、计算量相对小等优点,在工程中得到广泛应用。对于结构复杂的计算,通常先建立精确的积分方程再离散成参数方程,从而解决形状函数不易选取、确定的问题。

耦合求解过程的核心是计算带有移动网格和移动边界的非定常流动问题,流固耦合求解根据耦合边界处理方法的不同分为动边界法和浸入边界法。为了解决边界几何和运动复杂时难以生成高质量网格的问题,Peskin 于 1972 年提出一种典型的数学建模方法和数值离散方法,称为浸入边界法。该方法曾被用于模拟人类可收缩心脏瓣膜中的血液流动。该方法的基本思想是将复杂结构的边界模化成纳维-斯托克斯(Navier-Stokes,N-S)方程中的一种体积力,用欧拉变量描述流体的动态行为,用拉格朗日变量描述运动边界问题,用狄拉克函数描述固体和流场的交互作用,从而提高计算效率。之后,有研究者引入了适应性网格加密,提出了多重网格自适应浸入边界法。经过几十年的持续发展和不断改进,为了模拟层流和湍流等复杂几何体,Goldstein 等人提出以反馈力来表示固体边界对流场影响作用的虚拟浸入边界法。在这种方法中,虚拟网格设置在浸入边界的内部,遇到虚拟网格计算过程会跳过或停止,使浸入边界的内部计算量减少。为了保证计算的精准性,有研究者提出了切割浸入边界法,即将网格进行切割后插值计算各个面的质量流量及压力梯度等多项因子。浸入边界法已成功应用于计算生物流体、流固耦合、物体绕流及多相流等问题。

目前,应用相对广泛的流固耦合求解方法是动边界法。该方法以拉格朗日-欧拉方程处理移动边界及耦合面问题,显式/隐式时间积分法与耦合面处理法是处理过程中常用的方法。其中,耦合面处理是指流体域与固体域之间的信息传递,即将流体结构计算结果与固体结构计算结果通过交界面互相传递,主要包括流体域网格与固体域网格之间的载荷、几何变形传递。基于耦合面问题显现的不同物理特性，流固耦合问题求解方法包含迭代耦合法和直接耦合法两种。迭代耦合法又称分离法，流体和结构的求解变量完全耦合，流体方程与结构方程按步长顺序相互迭代求解，若结果收敛则继续向前推进。随着相关技术的发展，N-S 方程和非线性理论的联合使得迭代耦合法得到了广泛应用。直接耦合法又称同步求解法，其特点是结构方程与流体方程一并处理，因此这种方法求解双向流固耦合问题比迭代法更快，占用内存小，适用于求解流体与结构相互作用的中型问题。

1.5 本书主要研究内容、方案及方法

1.5.1 本书主要研究内容

抽油泵的多级软柱塞以串联形式实现分级承压，可以有效延长其使用寿命，提高工作效率。多级软柱塞的工作性能与材料本身的摩擦磨损特性、材料承受载荷的变形情况、软柱塞尺寸及结构形式、软柱塞与泵筒的间隙大小、工作温度和介质等密切相关。因此，本书主要从以下几个方面对抽油泵的多级软柱塞展开研究。

(1)软柱塞材料本构模型的确定

对抽油泵多级软柱塞材料建立较为准确的应力-应变关系，即本构模型，是正确研究抽油泵多级软柱塞力学行为的基础。软柱塞材料弹性范围广、性能存在差异，为了确定符合设计条件的软柱塞材料，并为有限元分析及 Fluent 流固耦合数值模拟计算提供理论前提，须对其进行单轴拉伸、单轴压缩及压缩应力松弛等基础力学试验，分析应变率对软柱塞材料力学性能的影响，确定其弹性模量、泊松比等参数。本书以单轴拉伸、单轴压缩、压缩应力松弛试验获得的数据为依据建立四种典型本构模型，对聚氨酯变形的表征能力进行评估，确定表征能力最强的本构模型及参数。同时，本书基于现象学理论研究聚醚醚酮材料的应力-应变关系，确定适合中高温环境的非线性本构模型。

(2)软柱塞材料的确定

在井下压差的作用下，随着抽油泵运行次数的增加，为满足多级软柱塞与

泵筒间的密封条件，软柱塞须具备较好的耐磨性能和抗疲劳性，因此材料的选择非常关键。选择适合的密封、承压材料是优化多级软柱塞抽油泵结构参数的关键，也是研究多级软柱塞抽油泵分级承压特性的前提。本书对比分析聚氨酯、聚醚醚酮、丁腈橡胶三种非线性软柱塞材料，在摩擦磨损试验机上进行软柱塞与泵筒的摩擦磨损模拟试验，确定不同材料的摩擦系数、磨损量、磨损速率随法向载荷、滑动速度变化的规律。同时，本书对试件进行喷金处理，然后在扫描电镜下观察磨斑形貌，运用能量色散 X 射线谱对软柱塞材料的磨损特性及机理进行分析。此外，本书对多个影响因素进行分析，确定适应井下工况、综合性能优良的特种工程塑料作为抽油泵软柱塞的材料，为 Fluent 双向流固耦合计算及多级软柱塞抽油泵的试验研究提供基础。

(3)抽油泵多级软柱塞参数的优化

本书基于 Fluent 双向流固耦合优化抽油泵多级软柱塞的参数。双向流固耦合利用流体分解器计算流场压力、速度、温度、组分等物理量，利用固体结构求解器计算位移、应力、应变。本书根据“流经每级软柱塞的质量流量恒定”原则，根据流场作用下的软柱塞应变重新计算多级软柱塞抽油泵的泄漏量、泵效，并进行反复迭代，修改模型后在 Fluent 软件中重新进行分析计算；构建多级软柱塞数值模拟计算模型，采用双向流固耦合方法优化抽油泵多级软柱塞的长度、外径等参数，确定多级软柱塞抽油泵的参数优化模型，并计算出多级软柱塞抽油泵的压力场及速度场，提出分级承压特性理论。

(4)多级软柱塞抽油泵模拟试验研究

为了验证多级软柱塞模型和多级软柱塞抽油泵分级承压理论，须对多级软柱塞抽油泵进行模拟试验研究。本书建立多级软柱塞抽油泵的模拟试验装置，确定多级软柱塞的结构参数、压力、滑动速度等当量试验参数以及温度、介质等环境因素取值，进行多级软柱塞抽油泵压力及泵效性能试验测试，探究抽油泵的泵效随多级软柱塞结构参数、压力、滑动速度等因素变化的规律，分析多级软柱塞的分级承压特性，并提出多级软柱塞抽油泵的参数优化设计方法，以延长其使用寿命。

1.5.2 本书研究方案

为了延长抽油泵的检泵周期，本书针对多级软柱塞的分级承压特性及抽油泵的泵效，拟开展结构参数优化设计与试验研究，技术路线图如图1-1。

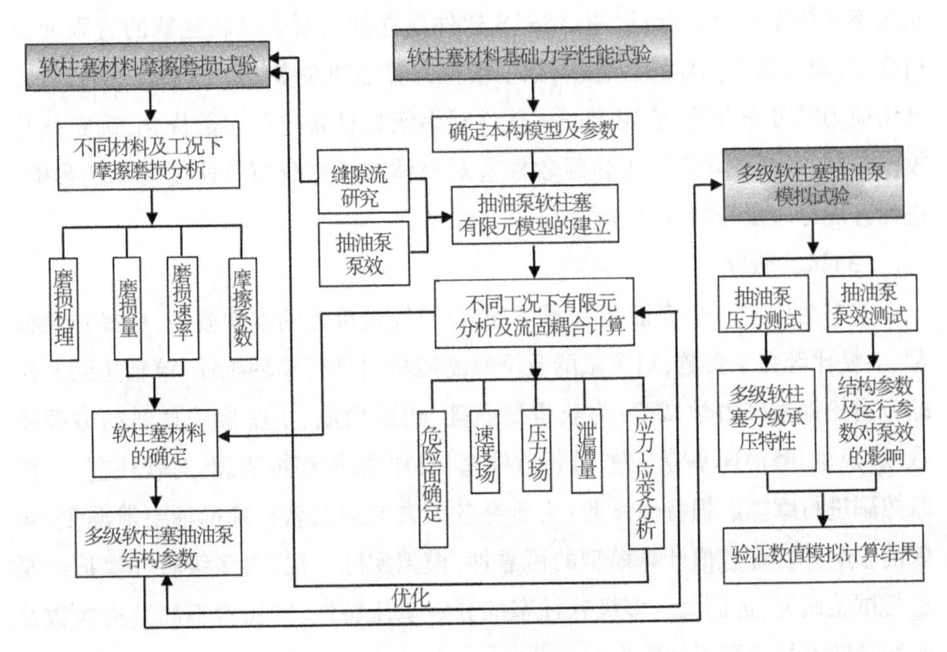

图1-1 技术路线图

1.5.3 本书研究方法

(1)理论分析

本书基于材料力学理论研究非线性高分子材料的弹性模量、泊松比、屈服极限、强度极限、延伸率、截面收缩率等力学参数，建立软柱塞材料的本构模型；基于流体力学和质量守恒定律、动量定理分析软柱塞抽油泵的缝隙流(石油属于黏性不可压缩流体，其数学模型可以由N-S方程和连续方程推导出的雷诺方程确定)；基于弹流润滑摩擦磨损理论计算软柱塞在油膜作用下与泵筒的摩擦力；应用运动学和动力学理论，考虑研究对象的非线性问题，建立软柱塞、泵筒接触过程中的受力及变形分析方法；基于双向流固耦合理论探讨多级软柱塞抽油泵的分级承压理论。

(2)数值模拟

本书应用 ABAQUS 软件及 Origin 软件对不同应变率下聚氨酯的应力-应变状态本构模型进行拟合；运用 ANSYS 软件建立抽油泵多级软柱塞的有限元分析模型，对其进行力学特性分析，数值模拟计算抽油泵多级软柱塞所受的载荷，得出应力场分布曲线；应用 Fluent 软件对多级软柱塞进行参数优化，确定优化模型，同时分析流场作用下多级软柱塞对流体域压力分布及速度变化的影响，进而开展分级承压特性试验研究。

(3)试验研究

本书为确定一个表征能力强、与拟合曲线较接近的本构模型，选择弹性模量、泊松比等力学参数，对聚氨酯及聚醚醚酮材料进行单轴拉伸、单轴压缩及压缩应力松弛基础力学试验；为获得聚氨酯、聚醚醚酮、丁腈橡胶材料的摩擦系数、磨损量、磨损速率等参数，分析软柱塞材料的摩擦磨损机理，对软柱塞-泵筒摩擦副进行摩擦磨损特性试验；为研究各因素对多级软柱塞抽油泵泄漏量、泵效的影响并验证数值计算模型的可靠性，模拟实际工况，对多级软柱塞抽油泵进行试验研究，进而总结多级软柱塞的分级承压特性，并探索不同结构参数及运行参数对抽油泵泵效的影响。

第2章　软柱塞材料的基本力学性能试验与本构模型

聚氨酯、聚醚醚酮、丁腈橡胶为高分子聚合物，以这三种材料制成的软柱塞在高温的原油、天然气、水三相混合介质中进行往复运动时，工作介质和温度等条件直接影响软柱塞的力学性能，进而影响多级软柱塞抽油泵的使用寿命。探讨软柱塞材料的应力-应变关系，建立其本构模型，是进行多级软柱塞抽油泵流固耦合分析的基础。由于许多学者已针对丁腈橡胶的基本力学性能试验和本构模型开展了大量研究并取得了一定的成果，因此本章仅对聚氨酯、聚醚醚酮材料的本构模型进行研究。此外，本章对试件进行单轴拉伸、单轴压缩及压缩应力松弛试验，以确定适合多级软柱塞抽油泵工况的本构模型。

2.1　软柱塞材料的基本力学性能试验

2.1.1　多级软柱塞抽油泵的工作原理

多级软柱塞抽油泵的特点主要体现在分级承压理论与软柱塞工艺方面。这种新型抽油泵与常规抽油泵最大的不同之处在于柱塞的结构，其柱塞结构既不同于常规抽油泵，也不同于以往的软柱塞抽油泵：异于常规抽油泵是由于其采用软柱塞结构；异于以往的软柱塞抽油泵是由于其不仅采用液压自封原理，而且设计成多个柱塞串联的结构，能实现多个柱塞分级承压，达到逐级密封的效果。

多级软柱塞抽油泵的柱塞采用非金属材料，这种抽油泵以金属泵筒与非金属柱塞配合的方式取代了常规抽油泵金属泵筒与金属柱塞配合的方式。多级软柱塞抽油泵的泵筒、固定阀与常规抽油泵并没有差异，它们的区别主要在于柱塞的结构方面。多级软柱塞抽油泵中柱塞的主要结构件是弹性伸缩套与密封环，其主要结构特点是串联多个密封环与弹性伸缩套，当高压油液进入柱塞内部后，弹性伸缩套率先受力膨胀变形，致使密封环膨胀，密封环膨胀后与泵筒变为过盈配合，从而使泄漏量大幅减少。

如图 2-1 所示，抽油泵单级软柱塞总成主要由上接头、软柱塞、支撑架、游动阀球、游动阀座、扶正器、下接头组成。上接头有两个作用：一是起到连接作用，上接头上开有螺纹，用来与上一个软柱塞总成的下接头相连；二是起到引流作用，即引导油液进入和流出柱塞内部，上接头上开有四个通孔，当柱塞处于上冲程时，高压油液流入泵筒内部，当柱塞处于下冲程时，游动阀开启使整个柱塞上下贯通，油液从泵筒下端排到上端。

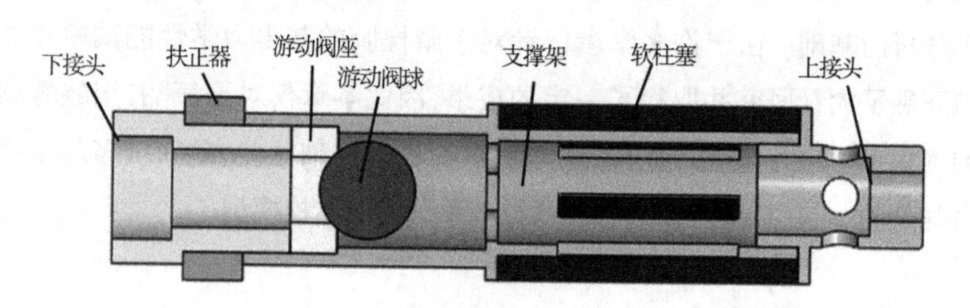

图 2-1　抽油泵单级软柱塞总成示意图

为了减少螺纹连接带来的加工误差和配合误差，本章把柱塞芯和游动阀罩设计成一体式，此处用到的钢架称为支撑架，这样的设计既可以减少单级柱塞结构的零件，又可以提高结构的紧凑性与精确性。支撑架上开有 5 个通槽，可以使柱塞内的高压油液顺利流经支撑架。支撑架与密封筒间存在一定的间隙，其主要作用是保证高压油液穿过通槽后能使密封筒均匀受力并膨胀变形。

同时，本章设计了定位密封垫，它的材料是聚四氟乙烯。定位密封垫具有三个作用：一是起到密封作用，密封垫在受力挤压后可以形成良好的密封；二是起到定位作用，由于密封筒与支撑架之间是有一定间隙的，因此为了使密封筒与支撑架有良好的同轴度，定位密封垫、支撑架与密封筒的配合均为过盈配合，相当于定位密封垫套于支撑架上，密封筒套于定位密封垫上；三是起到调节作用,通过调节泵筒与柱塞之间的间隙可以改变定位密封垫的大小,进而达到调节泵筒与柱塞之间初始间隙的目的,而不用改变支撑架的结构,因此可以大大节约生产成本。

由于多级软柱塞抽油泵柱塞的连接方式是多个串联,柱塞之间的同轴度不如常规抽油泵,故需要在每级柱塞上安装扶正器,这样可以保证柱塞在泵筒内平稳运行而不出现偏磨现象。多级软柱塞抽油泵主要应用于三元复合驱油井中,这种油井结垢问题比较严重,除了软柱塞本身可起到防垢作用外,扶正器由于采用螺旋式结构,因此也可起到刮垢作用,即多级软柱塞抽油泵起到双重防垢作用。

第一级软柱塞总成的上接头与抽油泵的抽油杆相连,其余软柱塞总成前一级的下接头与下一级的上接头以螺纹方式连接,即各级软柱塞总成以串联形式构成多级软柱塞结构。如图 2-2 所示,三级软柱塞抽油泵由油管接箍、固定阀总成、泵筒接箍、软柱塞总成、泵筒等组成。其中,固定阀总成位于油管底部,实现对整个多级软柱塞抽油泵的控制。

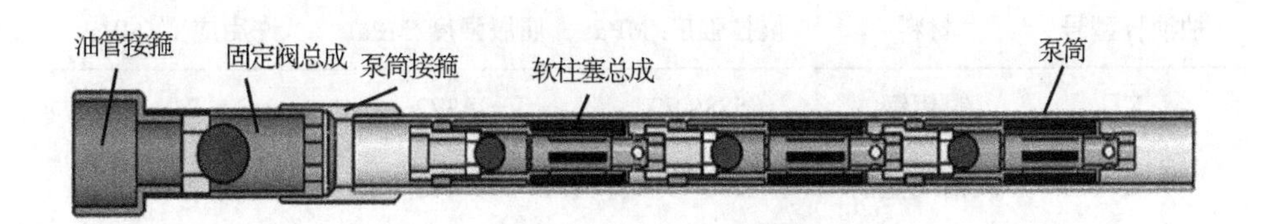

图 2-2　三级软柱塞抽油泵结构示意图

上冲程时,抽油杆向上运动,随着柱塞下部空间的增大,内部压力减小到一定的数值使固定阀开启,完成抽油过程。同时,游动阀关闭,泵筒内油液流经上接头的径向孔进入支撑架内部,由于支撑架轴向槽的存在,油液在上下压差的作用下会形成侧向力作用在软柱塞上使其产生弹性变形,使柱塞与泵筒之间的间隙减小。部分油液流经上一级软柱塞与泵筒的间隙进入下一级软柱塞,使工作压差以递减规律逐级向下传递。下冲程时,抽油杆向下运动,内部压力增大使固定阀关闭,游动阀开启,油液通过下接头进入阀座,流经阀座孔进入支撑架、上接头向上运行,完成排油过程。同时,由于上下压差一致,因此软柱塞恢复原状使软柱塞与泵筒的间隙增大,减小下行阻力,间隙中的流体也起到弹流润滑作用,从而可以延长摩擦副的使用寿命。在长期工作的情况下,即使上一级软柱塞和泵筒之间的摩擦磨损使泄漏量增加,下一级软柱塞仍然能起到密封、分压的作用。而且,每级密封件承受的载荷相较于单级软柱塞优势明显,可以大大提高软柱塞的使用寿命,因此多级软柱塞抽油泵较单级软柱塞抽油泵可以产生更大的经济效益,具有更大的应用价值。

2.1.2 主要零件材料及技术要求

2.1.2.1 抽油杆的选择

常规抽油杆类型见表 2-1。在本章的分析设计中,抽油泵的工作环境是轻度或中度水油腐蚀,并且抽油泵要承担重要的抽油活动,故设定抽油杆材料为碳钢,选择 C 型抽油杆,抽油杆规格代号为 6,直径为 19 mm。

表 2-1 常规抽油杆类型

抽油杆型号	材料	抗拉强度/MPa	屈服强度/MPa	许用应变/MPa
K	镍钼钢	588~794	≥372	71
C	碳钢或锰钢	620~794	≥412	71
D	铬钼锰钢	794~965	≥620	92
KD	$20Ni_2CrMo$	793	≥620	92

2.1.2.2 泵筒的选择

泵筒壁厚包含常规和加厚两种,一般常规壁厚为 6. 35 mm,加厚壁厚为 8. 00 mm。泵径的选择应以已有数据与当前油井的预测产量作为依据。按照以往的计算经验,常规的泵井计算时一般采用大冲程和低冲速;对于特种油井或深井,计算时用最大冲程、较低冲速,如过桥泵在长尾管环境中使用,主要是为了得到更好的生产效果;长冲程时优先选用整筒泵;对于斜井,应优先选用整筒悬挂式泵。

泵的间隙等级需要按照工况中油液的黏度确定。在一般条件下或者油液黏度小于0.10 Pa·s时应选用一级泵,油液黏度较大或者油液黏度为0.10~0.43 Pa·s时应选用二级泵,而油液黏度超过0.43 Pa·s时必须选用三级泵,各级泵的最大泄漏量应不高于《组合泵筒管式抽油泵》(SY/T 5059—2022)中规定的数值。由于本章的试验设计为小产量深油井,油液黏度较小,所以选用一级杆式泵。

通过计算并查阅相关资料,本章所用的杆式泵最终确定为CYB56RH6.8-1.2,其公称直径为56 mm,杆式泵型号为RH(代表无衬套),泵筒长度为6800 mm,柱塞长度为1200 mm。

2.1.3 软柱塞材料的初步确定

软柱塞是抽油泵运行过程中的易损件,它的使用寿命及可靠性直接影响多级软柱塞抽油泵的检泵周期和工作性能。因此,选择并确定软柱塞材料是设计及优化多级软柱塞抽油泵的关键。抽油泵多级软柱塞与泵筒以间隙配合形式做往复运动,在上冲程时,软柱塞受力膨胀变形使间隙减小,会提高它与油液中杂质摩擦磨损的概率。因此,软柱塞材料应满足耐磨性能好、承压能力强、耐腐蚀性能优良、在交变载荷下产生形变且恢复力强、适应石油开采井下工作温度及介质条件等要求。本章选取满足上述要求且在油田应用中综合性能优良的聚氨酯、聚醚醚酮、丁腈橡胶三种非线性高分子聚合物材料,对其进行对比分析,结合ANSYS软件并采用有限元法对软柱塞材料进行摩擦磨损试验研究,最终确定抽油泵的软柱塞材料。

聚氨酯大分子主链含有重复聚氨酯甲酸基分子结构(—NH—CO—O—),是一种有弹性而且硬度较大的高分子材料,分为聚酯型和聚醚型两种。聚氨酯分子是由1000~2000 nm的软段和150 nm的硬段组合在一起的嵌段。聚醚或聚酯构成软段,常温下呈无规则卷曲状,软段聚在一起形成软段微区,常温下呈玻璃态,使聚氨酯具有弹性特征和拉伸性能;由二异氰酸酯与二醇、二胺等小分子交联剂(或小分子扩链剂)反应获得的氨基甲酸酯基、芳基、取代脲基构成硬段,它与软段微相分离,即可形成连续相且不相溶。硬段结构不易发生改变,使聚氨酯具有良好的机械性能,硬度增大,耐腐蚀性能和耐磨性能增强。聚氨酯软段和硬段微相分离的结构特点决定了它具有优异的综合性能：在一定硬度范围内具有良好的弹性，常用作缓冲、支撑和减震材料；相较于一些高分子树脂和橡胶具有突出的耐磨性能，可达天然橡胶的 9 倍、丁苯橡胶的 2~3 倍；具有较好的耐油性能并耐多种溶剂。因此，聚氨酯在机械、油田、建筑、交通等行业发挥着重要的作用。聚氨酯通常被加工成涂料、合成纤维及皮革、墙体防震材料、地面铺装材料、塑料制品等产品，广泛应用于人们的日常生活和工作中，在油田中常用作密封件。聚氨酯分子链含有大量的聚醚、聚酯脲基甲酸酯等基团，其耐热性能受到一定的限制，即在高温下容易发生软化或者分解现象，致使机械性能下降。聚醚型聚氨酯长期连续工作的最高温度一般为 80~90 ℃，短期工作的最高温度不超过 120 ℃。以聚氨酯作为抽油泵多级软柱塞材料时，抽油泵作业井深须在 1200 m 左右，对于深井作业则需要采用由聚醚醚酮制成的多级软柱塞。

聚醚醚酮是英国某公司于 1977 年研制出的一种高分子材料，是具备超高性能的特种工程塑料。聚醚醚酮的玻璃化转变温度为 143 ℃，熔点为 343 ℃，具有良好的耐高温、耐腐蚀性能，可以作为耐高温结构材料、电工材料、密封装置材料以及绝缘材料的隔绝体。聚醚醚酮具有良好的力学性能，其分子链中有大量苯环，因此具有热流动性强、热分解温度高等特点，可以运用多种加工方法对其加工。聚醚醚酮的耐热性能可以超过聚苯硫醚甚至比它更优异，长期工作的最高温度达 250 ℃。聚醚醚酮在高温时仍然具有较高的强度，刚性好，线膨胀系数小。两个醚链和一个羰基使聚醚醚酮具有优良的柔性与抗疲劳性。聚醚醚酮同时具有刚性和柔性，在交变应变的情况下具有很好的抗疲劳性，在所有高分子塑料中最为优异。聚醚醚酮具有较高的力学强度，拉伸强度可以达到 140 MPa 左右，甚至可以与合金等金属相媲美。聚醚醚酮是目前耐高温树脂中柔性最好的，优于聚酰亚胺和尼龙，但是它的弹性形变十分小，作为密封件材料很难向外扩张膨胀。聚醚醚酮具有适用于所有塑料的优良滑动特性，所以可以较好地契合低摩擦磨损应用场景。聚醚醚酮的耐磨性能好，特别是用碳纤维、石墨等改性的聚醚醚酮，耐磨性能更加突出。聚醚醚酮具有很好的化学稳定性，除浓硫酸外，几乎不溶于任何溶剂以及强酸和强碱溶液，在水溶液中也会保持很稳定的状态。聚醚醚酮具有较强的抗辐照能力，即使是在 X 射线辐射剂量较高的环境中也能较好地适应。聚醚醚酮原材料价格相对较高，而且受限于生产能力和用量，所以起初仅被用作重要的国防军工材料，随着技术的发展，其应用领域逐步拓宽，逐渐在石油、电子、机械、汽车、医疗等领域得到许多科学研究者及现场工作人员的重视。在石油化工行业，聚醚醚酮常被用来制作阀片、密封件、各种泵体、阀门、泵体叶轮及压缩机配套零件等。目前，一些研究人员以其作为抽油泵单级软柱塞的材料进行了探索性研究工作。

丁腈橡胶是一种传统的低模量的黏弹性高分子材料，具有金属材料无法媲美的性能，用于制作车辆轮胎、桥梁减震支座等设备，尤其是在石油化工领域中常被用于制作采油螺杆泵定子。原油中有大量烷烃、芳香烃及环烷烃等烃类化合物和少量硫醚、氯化物、脂肪酸等物质，多级软柱塞抽油泵在中高温的井下工作，因此软柱塞所用的材料需要耐高温、耐高压、耐强酸强碱腐蚀等。丁腈橡胶长期工作的最高温度为 120 ℃。丁腈橡胶优良的回弹性和抗疲劳性可以满足软柱塞材料产生周期性形变的要求。与泵筒较硬的金属表面对磨时，丁腈橡胶的硬度影响摩擦副的磨损特性，但在间隙流体的作用下可以降低磨损的影响作用。

通过计算可以确定不同泵效下抽油泵软柱塞与泵筒之间的初始间隙，结合 ANSYS 软件并采用有限元法计算软柱塞的变形量。上冲程中软柱塞的变形量为初始间隙与变形量之差。下冲程中软柱塞与泵筒的间隙为初始间隙，故抽油泵多级软柱塞在下冲程中具有阻力小、磨损小等特点。上冲程中若软柱塞的变形量太大，则软柱塞与泵筒相互接触或以过盈配合形式运行，会出现摩擦力急剧增大、分级承压效果减弱等问题，大大缩短多级软柱塞抽油泵的使用寿命，且会对软柱塞间隙精度控制产生一定的影响，从而影响泄漏量和泵效。因此，软柱塞在上冲程中的变形是确定软柱塞材料时的考虑因素之一。

据统计，直径为 38 mm 及以下的抽油泵占抽油泵总数的 54%，平均泵效为 40.92%。因此，本章以中小直径的抽油泵为研究对象，结合多级软柱塞抽油泵模拟试验平台条件确定泵筒直径。本章基于 ANSYS 软件建立长度为 50 mm、厚度为 3 mm、外径为 30 mm 的软柱塞模型，分析、计算多级软柱塞每级承压 2 MPa 时的受力变形情况。图 2-3 为软柱塞材料分别为聚氨酯、聚醚醚酮和丁腈橡胶时的变形云图。

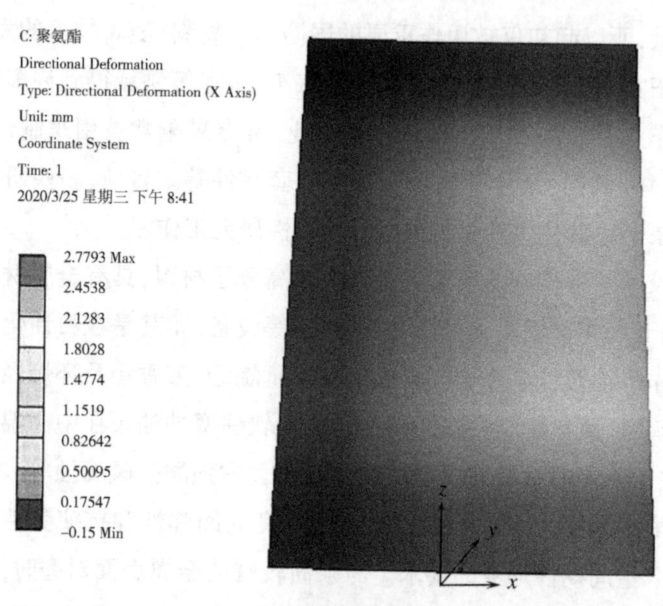

(a)聚氨酯软柱塞

(b)聚醚醚酮软柱塞

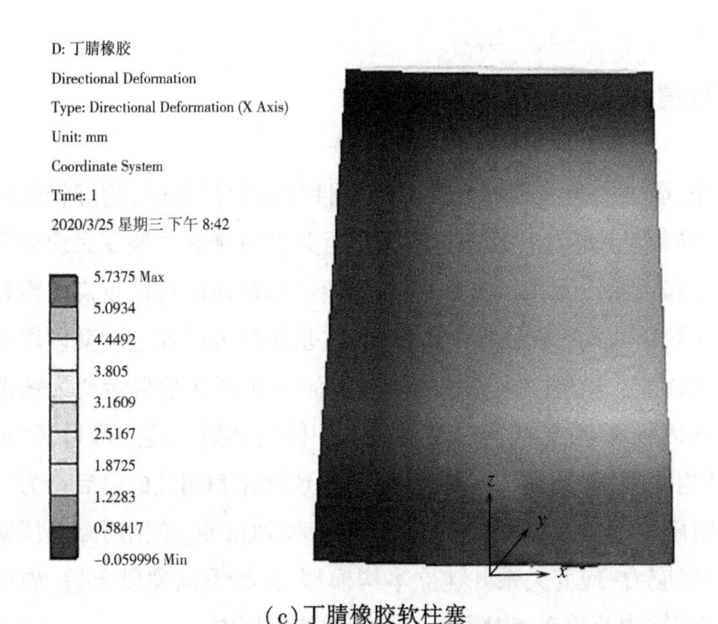

(c)丁腈橡胶软柱塞

图 2-3　不同软柱塞的变形云图

注：本书此类图片原图为彩图，此灰度图仅作为示意图。

对比聚氨酯、聚醚醚酮、丁腈橡胶软柱塞的变形情况发现，在相同条件下，聚醚醚酮软柱塞的变形量最小。用聚醚醚酮制作抽油泵的多级软柱塞时，可以采取减小厚度或增大压差的方法加大变形量，这适用于泵筒直径小或软柱塞级数少的工况。图 2-3(c)中的软柱塞材料是邵氏硬度为 90 度、泊松比为 0.499 的丁腈橡胶，其变形量达 5.7375 mm。用丁腈橡胶制作抽油泵的多级软柱塞时，可以采取增大厚度或减小压差的方法减小变形量，这适用于泵筒直径大或软柱塞级数多的工况。聚氨酯软柱塞的变形量为 2.7793 mm，介于聚醚醚酮软柱塞与丁腈橡胶软柱塞之间。可以通过改变聚氨酯硬段和软段的配比获得不同的弹性模量。聚氨酯材料的适应性强，在不同压差工况下均可满足设计要求。从有限元计算结果来看，三种高分子材料均适合制作抽油泵的多级软柱塞。但从不同软柱塞材料的性能指标来看，采用聚氨酯和丁腈橡胶材料时环境温度必须符合相应的条件，这对井深提出了一定的要求，而聚醚醚酮材料制成的软柱塞对环境温度及工况有更强的适应能力。另外，做往复运动的软柱塞在偏磨情况下势必与泵筒产生接触性摩擦磨损，为了确定性能优良的软柱塞材料，必须结合摩擦磨损试验进行综合考量。

2.1.4 聚氨酯基本力学性能试验

近年来,研究人员在聚氨酯热塑性弹性体材料的化学、物理特性等方面进行了深入的探索与研究,特别是它的力学行为。由于聚氨酯在大应变下表现出优异的弹性和耗散性能,因此它一直是热塑性弹性体研究的重点。微相分离结构的存在使聚氨酯具有弹性等力学特征,这些特征可以通过改变硬段和软段的内在配比来调节。热塑性弹性体在相继拉伸中从刚性塑料转变为韧性橡胶的现象称为马林斯效应,聚氨酯的软化就是一种马林斯效应。最近,研究人员发现,微观结构的破坏(尤其是在硬段)主要导致软化和相关的滞后行为。

本章对两种不同结构的聚氨酯试件进行单轴拉伸、单轴压缩及压缩应力松弛试验,确定应力-应变关系并建立本构模型,分析不同硬段含量(硬段质量分数)的聚氨酯结构及应变率对聚氨酯力学性能的影响。

2.1.4.1 聚氨酯的单轴拉伸试验

单轴拉伸试验的试件选用硬段含量不同的两种聚氨酯材料,两种材料为同一批次,按照《橡胶物理试验方法试样制备和调节通用程序》(GB/T 2941—2006)制成标准Ⅰ型哑铃状试件,如图 2-4 所示。试件狭窄部分的宽度为 6 mm、标距为 33 mm、厚度为 2 mm。每组选用 3 个试件,18 个试件的具体参数见附表 1-1。

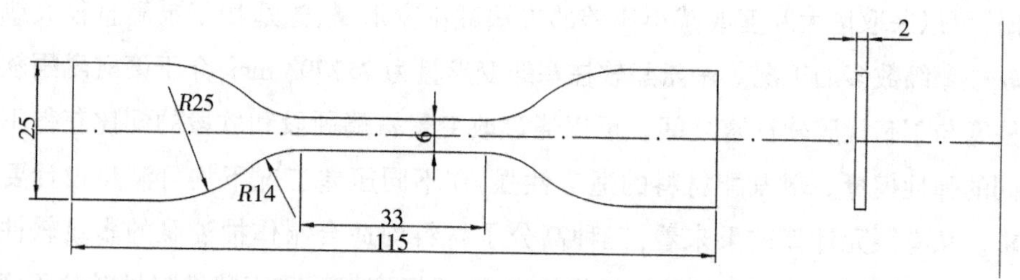

图 2-4 聚氨酯单轴拉伸试验试件(单位:mm)

应变率与拉伸速率满足关系式

$$\varepsilon_0 = \frac{\varepsilon}{t} = \frac{\chi / l_s}{t} = \frac{v_t}{l_s} \tag{2-1}$$

式中，ε_0——应变率，s^{-1}；

ε——拉伸应变(轴向应变)；

t——拉伸时间，s；

χ——变形量，mm；

l_s——标距，mm；

v_t——拉伸速率，mm/s。

在室温为 23 ℃、湿度为 52%的条件下进行聚氨酯试件的单轴拉伸试验，运用 100 kN 微机控制电子万能试验机分别以 0.0001 s^{-1}、0.001 s^{-1} 和 0.01 s^{-1} 的应变率对聚氨酯试件进行拉伸。将试件对称地夹在拉力试验机的上、下夹持器上，使拉力均匀分布在横截面上，夹持器以 500 mm/min 的速度移动，直至将试件拉断为止，在整个试验过程中连续监测试验长度部分和力的变化。若在狭窄部位以外断裂则另取试件重复试验。依据《硫化橡胶或热塑性橡胶拉伸应力应变性能的测定》(GB/T 528—2009)，试验数据精度控制在±2%之内。

取每组 3 个试件的平均值作为试验结果，得到聚氨酯的力-变形量曲线，经计算和 Origin 软件拟合处理得到硬段含量为 38%和 49%的聚氨酯试件在不同应变率下的拉伸应力-应变曲线，如图 2-5 所示。

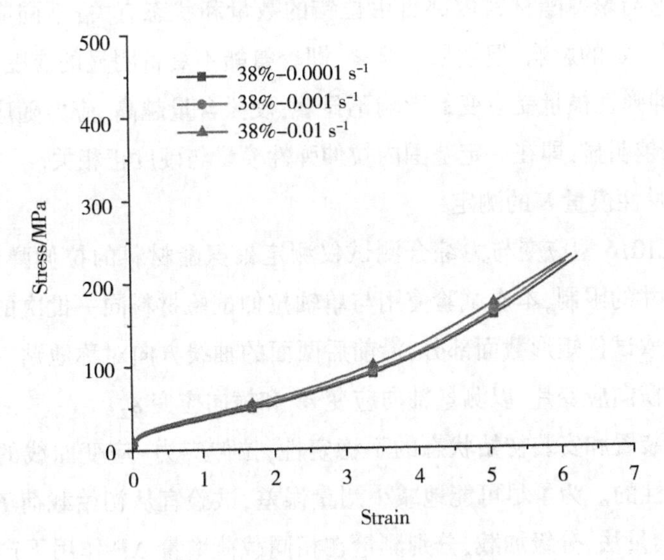

(a)硬段含量为 38%的聚氨酯

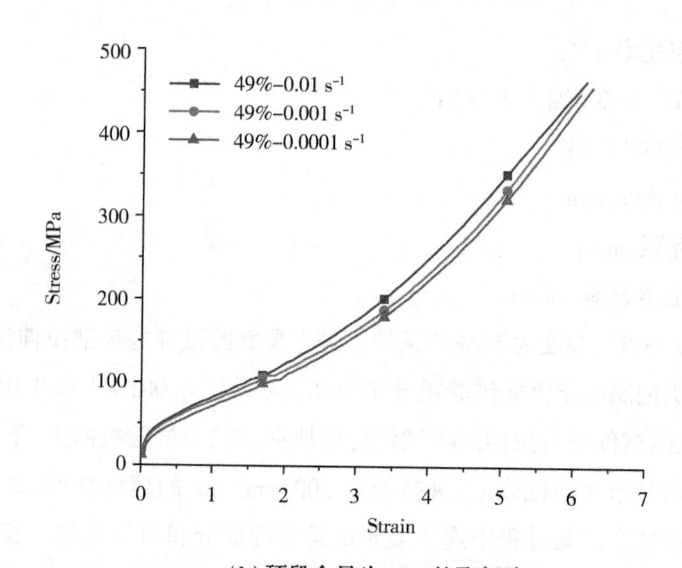

(b)硬段含量为49%的聚氨酯

图2-5 聚氨酯的拉伸应力-应变曲线

注:横坐标为应变;纵坐标为应力。

该曲线反映应力与应变的相关特性。经分析得出:聚氨酯的应力随着应变的增大而增大,图中没有明显的屈服台阶,表明聚氨酯材料属于无屈服阶段的热塑性材料,这与聚氨酯材料内部自由位错的数量和状态有关;不同应变率对聚氨酯材料有一定的影响,但效果不显著,即聚氨酯不具备明显的应变率效应,拉伸强度、拉伸弹性模量受应变的影响不显著;硬段含量越高,应力随应变增大而增大的效果越明显,即在一定范围内拉伸弹性模量与硬度正相关。

(1)拉伸弹性模量E的测定

采用CML1016型应变与力综合测试仪测定聚氨酯材料的拉伸弹性模量。受到应变片尺寸的限制,本次试验使用与单轴拉伸试验材料同一批次的Ⅱ型哑铃状试件。选取试件矩形截面部分,沿前后两面的轴线方向对称地贴一对轴向应变片和一对横向应变片,以测量轴向应变ε_1和横向应变ε_2。

基于试验装置和安装初始状态的不稳定性,拉伸应力-应变曲线的初始阶段往往是非线性的。为了尽可能地减小测量误差,试验宜从初始载荷$\boldsymbol{F}_0$($\boldsymbol{F}_0 \neq 0$)开始,采用增量法,分级加载,分别测量在相同载荷增量$\Delta \boldsymbol{F}$作用下产生的应变增量$\Delta\varepsilon$,并求出$\Delta\varepsilon$的平均值$\overline{\Delta\varepsilon}$。设试件初始横截面面积为$S_0$,则增量法测定$E$的计算公式为

$$E = \frac{\Delta F}{S_0 \overline{\Delta \varepsilon}} \tag{2-2}$$

(2)泊松比 γ_0 的测定

分别求出横向应变增量 $\Delta\varepsilon_2$ 和轴向应变增量 $\Delta\varepsilon_1$ 的平均值，然后按式(2-3)求得聚氨酯试件的泊松比

$$\gamma_0 = \left| \frac{\overline{\Delta\varepsilon_2}}{\overline{\Delta\varepsilon_1}} \right| \tag{2-3}$$

(3)拉伸强度 R_m 的测定

拉伸强度 R_m 的计算公式为

$$R_m = F_m / W\delta_t \tag{2-4}$$

式中，R_m ——拉伸强度，MPa；

F_m——记录的最大载荷，N；

W——狭窄部分的宽度，mm；

δ_t——试验长度部分的厚度，mm。

(4)硬度的测定

聚氨酯的硬度是指在外力作用下试件抵抗外力压入的能力，是用来表征聚氨酯材料刚度的一项重要指标。用邵氏硬度计测定聚氨酯材料的硬度，用力将邵氏硬度计的压针压在试件表面并观察指针的读数。

(5)拉断伸长率的测定

试件被拉断时的伸长率用伸长增量与原长之比的百分数表示。硬段含量分别为38%和49%的聚氨酯试件的主要测试参数见表2-2。

表2-2　聚氨酯单轴拉伸试验试件测试参数

硬段含量/%	拉伸弹性模量/MPa	泊松比	拉伸强度/MPa	邵氏硬度/度	拉断伸长率/%	300%定伸强度/MPa	回弹性/%
38	20	0.42	25.41	75A	576	21.3	45
49	40	0.43	47.20	92A	420	22.4	43

2.1.4.2 聚氨酯的单轴压缩试验

聚氨酯材料的单轴拉伸试验结果表明，拉伸弹性模量与拉伸速率不存在显著的相关性。本节通过单轴压缩试验研究聚氨酯材料的压缩弹性模量与压缩速率的相关性。按照《橡胶物理试验方法试样制备和调节通用程序》(GB/T 2941—2006)裁切 Φ29.0 mm×12.5 mm 的圆柱体单轴压缩试验试件，每组 3 个试件，分别选取硬段含量为 38%和 49%的 4 组试件作为试验对象，应变率分别为 0.00002 s^{-1}、0.0002 s^{-1}、0.001 s^{-1}、0.002 s^{-1}，具体尺寸和不同加载应变率见附表 1-2。

按照国家标准在抛光的金属表面轻轻涂上一层润滑剂，将试件置于 100 kN 微机控制电子万能试验机上，以 0.1 mm/min 的速率对一组圆柱体压缩试件加载，直至应变达到 25%为止，并以相同的速率放松试件。如此重复压缩、放松试件 4 次，其中前 3 次为机械调节，第 4 次为正式试验。

通过对硬段含量为 38%的聚氨酯试件进行单轴压缩试验(应变率为 0.00002 s^{-1})，得到力-变形量加载和卸载曲线，经计算和拟合处理得到聚氨酯的压缩应力-应变曲线，如图 2-6 所示。

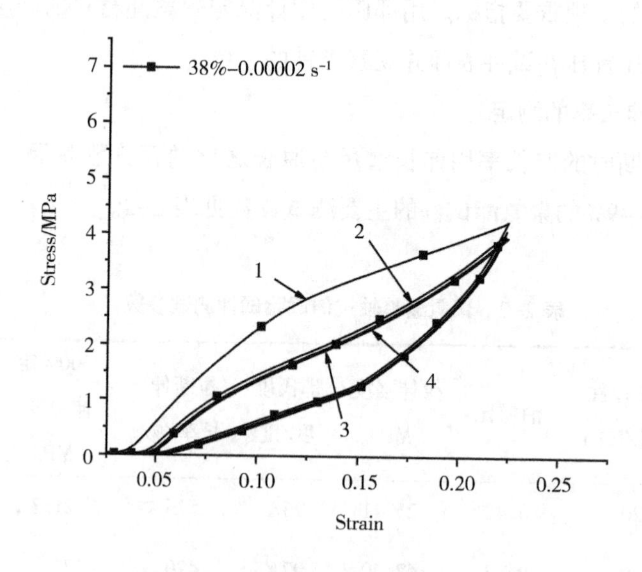

图 2-6 聚氨酯的压缩应力-应变曲线

注：指示数字代表周期；第三个周期与第四个周期曲线几乎重叠。

由图 2-6 可知，聚氨酯材料的压缩应力-应变曲线呈现明显的非线性，加载初始曲线部分反映聚氨酯的刚性响应，应变大约为 0.14 时显示具有兼容性，随着应变的增大再次变为刚性响应。卸载曲线为一个带有残余应变的非线性滞后环，表明卸载试验完成后存在一定的残余应力，随着时间的推移逐步恢复。第一个周期的残余应变较明显，随后的其他周期则减弱很多。在循环试验中，第一个周期的曲线与后续 3 个循环周期差距较大，在几个周期后，应力-应变行为趋于稳定，这种效应称为软化。大多数软化行为发生在第一个周期，当再次加载时的应变接近前一个循环的最大应变时，应力接近该应变第一个循环测试的应力水平。本节试验设定恒量应变后的卸载路径相同，与加载、卸载的循环次数无关。循环加载时，前一循环达到的历史最大应变水平决定软化程度，应变越大则软化程度越大。

分别以 0.1 mm/min、1 mm/min、5 mm/min、10 mm/min 的压缩速率对 4 组圆柱体压缩试件加载和卸载，可得力-变形量曲线，对其进行处理后得到聚氨酯在 0.00002 s^{-1}、0.0002 s^{-1}、0.002 s^{-1} 应变率下的压缩应力-应变曲线，如图 2-7。由图 2-7 可以看出，硬段含量为 38%和硬段含量为 49%的聚氨酯均表现出对应变率的依赖性。另外，硬段含量影响卸载后的滞回和形状恢复、初始刚度等材料性能。在硬段含量较低时，聚氨酯的力学行为表现得更“有弹性”，滞后性更小，卸载后的形状恢复更快，如图 2-7(a)所示。随着硬段含量的增加，聚氨酯的滞后性增大，应力-应变特征表现为残余应变的增大；屈服应力随应变率的增大而增大；随着硬段含量占比的增大，聚氨酯的应力-应变行为表现出更强的速率依赖性，这是由于材料的时间依赖性阻力对应力的“贡献”更大；聚氨酯的弹性模量与材料内部的硬段含量正相关，即随着硬段含量的增加，聚氨酯的弹性性能减弱，塑性增强，硬度增大，弹性模量变大。在不同硬段含量聚氨酯材料压缩曲线的加载部分，应变速率越大则应力越大，而相同硬段含量聚氨酯不同应变率下的卸载曲线近似相同，说明加载行为对速率的依赖性大于卸载行为。

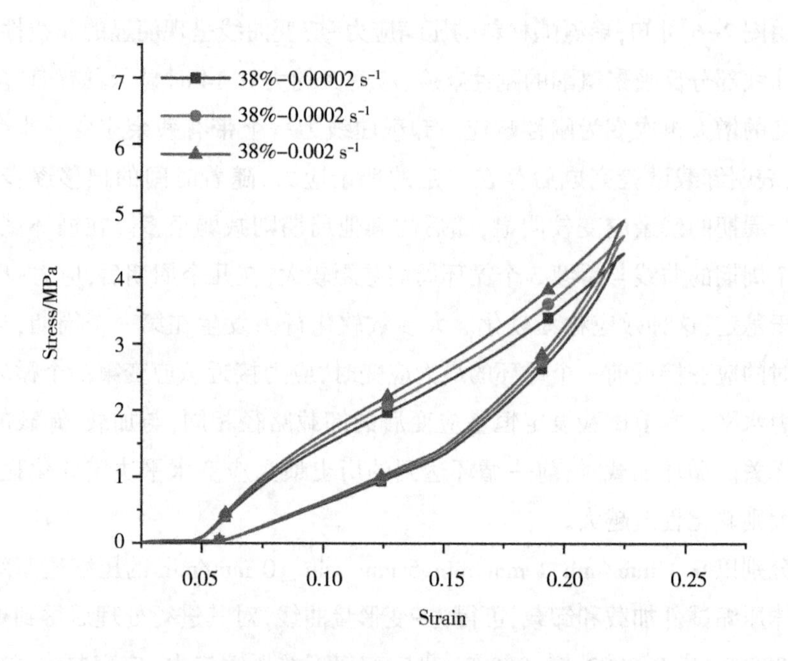

(a)硬段含量为38%的聚氨酯

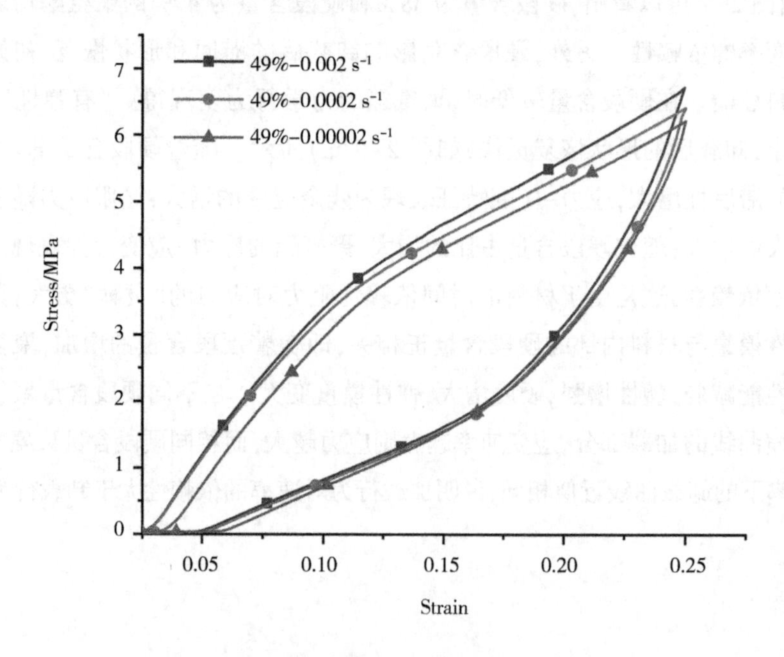

(b)硬段含量为49%的聚氨酯

图2-7 不同硬段含量聚氨酯的压缩应力-应变曲线

2.1.4.3　聚氨酯的压缩应力松弛试验

由聚氨酯的单轴拉伸和单轴压缩试验结果可知，该材料具有明显的应变率依赖性，而时间依赖性是导致应变率依赖性的主要因素，即聚氨酯的应力-应变特性与时间有密切关系。对于以聚氨酯为材料的抽油泵软柱塞而言，上、下冲程实质上是加载和卸载循环反复的过程。软柱塞会承受突然变化的载荷影响，也需要在固定的载荷水平下工作一段时间。因此，为了研究作为抽油泵软柱塞材料的聚氨酯的力学性能，了解其在设定的应变下随时间松弛而达到平衡的变化过程，本节以硬段含量为 49%的聚氨酯为例，进行加载和卸载循环的压缩应力松弛试验，对试件设定恒定的变形，并记录一段时间内维持初始设定变形水平所需的应力，以及循环加载过程中的滞后和应力松弛。

本节试验按照《硫化橡胶或热塑性橡胶在常温和高温下压缩应力松弛的测定》（GB/T 1685—2008）的要求设计，压缩应力松弛试验选取的压缩装置为微机控制电子万能试验机，裁切直径为 13. 0 mm、高度为 6. 3 mm 的圆柱体作为试件。试验前将试件放在 60 ℃的数显恒温水浴锅中预热 3 h。热调节后，将试件于室温中放置 24 h，然后进行机械调节，即在 23 ℃的室温中将试件循环压缩 5 次，每次压缩至 25%后立即恢复零应变，再将试件放置 24 h 后进行压缩应力松弛试验。

以 10 mm/min 的加载速率在圆柱体试件上进行 3 个不同应变水平（8%、16%和 25%）的松弛试验，每个水平松弛时间为 300 s。按预设的应变率压缩试件，当达到第一个预设的应变时使横梁保持不动，试验机采集随之减小的应力数据，直至达到松弛时间为止，即完成第一阶段的加载-松弛过程。第二阶段与上述过程相同。第三阶段（第三种应变水平）完成之后进行卸载，得到的应力-应变曲线如图 2-8（b）所示。对比相同试件、相同试验条件下的压缩应力-应变曲线[图 2-8（a）]可知，当达到第一个应变水平时，应力急剧减小，减小持续至预设时间后以急剧变化的应力重新加载，与原压缩曲线的应力-应变部分不重合。两者存在一些差别，与进行压缩应力松弛试验之前试件经过预热处理和机械处理有关。

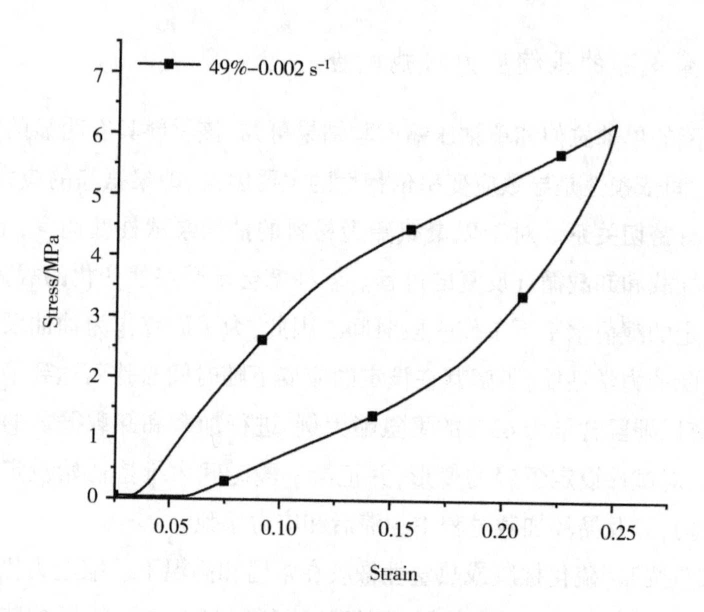

(a)压缩应力-应变曲线

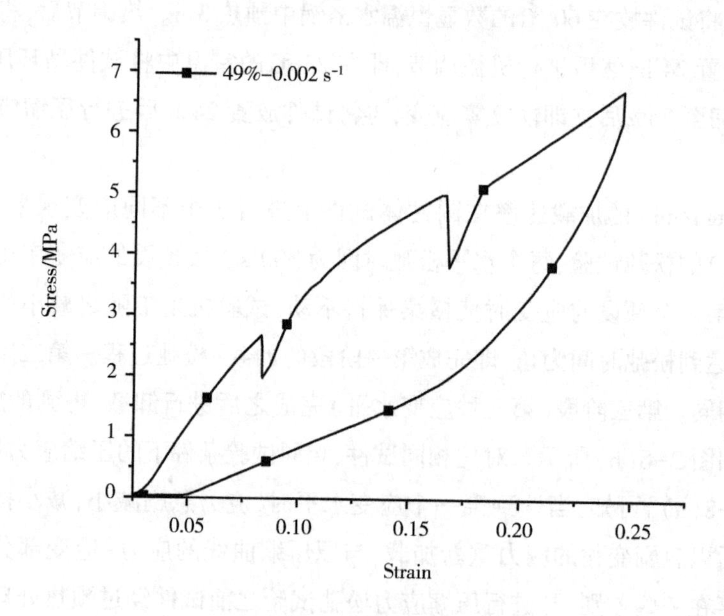

(b)压缩应力松弛应力-应变曲线

图 2-8 硬段含量为 49%的聚氨酯的压缩应力松弛曲线

2.1.5 聚醚醚酮基本力学性能试验

本节对聚醚醚酮试件进行单轴拉伸、单轴压缩及压缩应力松弛试验,分析不同应变率对聚醚醚酮力学性能的影响,确定应力-应变关系,从而为本构模型的建立提供理论依据。

2.1.5.1 聚醚醚酮的单轴拉伸试验

进行单轴拉伸试验的聚醚醚酮材料选用同一批次的 Ketron PEEK-1000 型材,其密度为 1.31 g/cm^3。依据《塑料拉伸性能试验方法》(GB/T 1040—92)将聚醚醚酮材料制成标准 I 型哑铃状试件,如图 2-9 所示。试件狭窄部分的宽度为 10 mm、标距为 50 mm、厚度为 4 mm。每组试验选用 3 个试件。

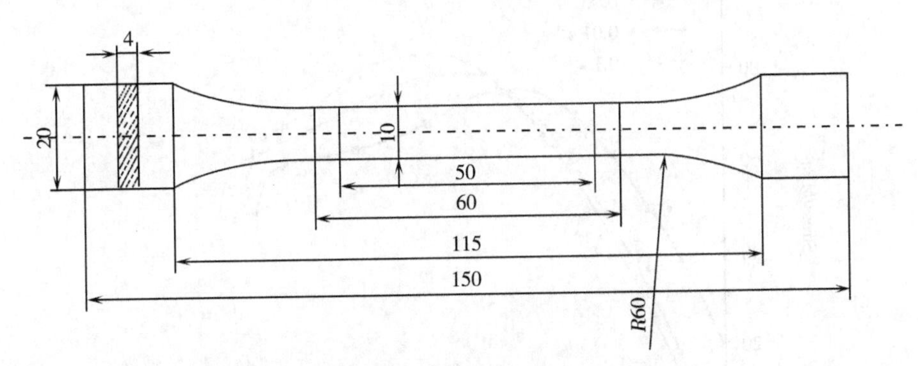

图 2-9　聚醚醚酮单轴拉伸试验试件(单位:mm)

运用 WDW-200E 微机控制电子式万能试验机在室温为 23 ℃、湿度为 51% 的环境下分别对聚醚醚酮试件以 0.001 s^{-1}、0.01 s^{-1} 和 0.1 s^{-1} 的应变率进行拉伸。将试件对称地夹在拉力试验机的上、下夹持器上,使拉力均匀分布在横截面上,整个试验过程连续监测试验长度部分和力的变化。夹持器分别以 3 mm/min、30 mm/min、300 mm/min 的速度移动,直至将试件拉断为止。若试件在狭窄部位以外断裂则另取试件重复试验。

取每组 3 个试件的平均值作为试验结果,得到聚醚醚酮的拉伸应力-应变曲线,如图 2-10 所示。由图 2-10 可知,该曲线分为弹性、均匀变形、扩散缩颈、局部缩颈四个不同的阶段。在弹性阶段,应力随着应变的增大而增大,呈线性规律变化,此阶段加工硬化起主导作用。伴随着拉伸变形的持续,一些缺陷开始出现,如聚醚醚酮内部微孔及裂纹开始萌生、扩展等,此过程中会发生应变集中现象,称为缩颈。缩颈部位不断转移和扩散,随着拉伸的持续,试件内部损伤越来越严重,导致颈部扩散无法继续,发生局部缩颈。图 2-10 中存在一定的屈服台阶,表明聚醚醚酮是一种包含屈服阶段的热塑性材料,这由聚醚醚酮材料的内部结构决定。随着应变率的增大,聚醚醚酮应力的峰值逐渐增大。应变率对屈服时间有一定的影响,应变率越小,屈服台阶越长,屈服时间越长。聚醚醚酮具备明显的应变率效应,拉伸强度、拉伸弹性模量受应变的影响较为显著。由于聚醚醚酮加工硬化,因此随着应变速率的减小,流动应力逐渐减小。

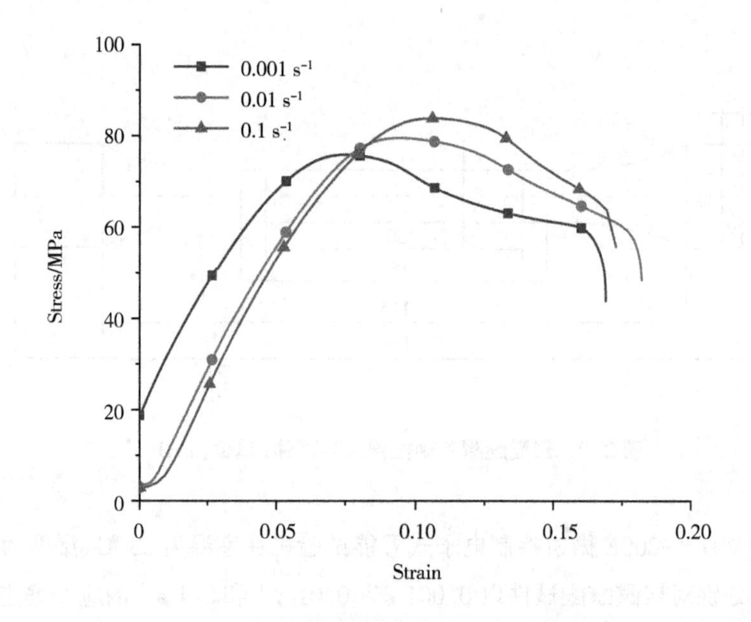

图 2-10 聚醚醚酮的拉伸应力-应变曲线

对聚醚醚酮拉伸弹性模量和泊松比的测定及计算与聚氨酯相同。选取与单轴拉伸试验材料同一批次的材料制成 I 型哑铃状试件,采用 CML1016 型应变与力综合测试仪进行测定,主要测试参数见表 2-3。

表 2-3　聚醚醚酮单轴拉伸试验试件测试参数

拉伸弹性模量/MPa	泊松比	拉伸强度/MPa	屈服拉伸应变/%	断裂拉伸应变/%
1200	0.42	85	5	17

2.1.5.2　聚醚醚酮的单轴压缩试验

为了研究聚醚醚酮材料应力-应变的变化特性，探索压缩弹性模量与压缩速率的相关性，本节对聚醚醚酮进行单轴压缩试验。依据《塑料　压缩性能的测定》(GB/T 1041—2008)裁切 Φ12 mm×20 mm 的圆柱体压缩试件，每组至少 3 个试件，选取 4 组试件作为试验对象，在不同的应变率水平下进行单轴压缩试验。在抛光的金属表面轻轻涂上一层润滑剂，将试件置于 WDW-200E 微机控制电子式万能试验机上，分别以一定的压缩速率对圆柱体试件加载，直至应变达到 25%为止，然后以相同的速率放松试件。如此重复压缩、放松试件 4 次，其中前 3 次为机械调节，第 4 次为正式试验，生成力-变形量曲线，经过计算、拟合处理可得压缩加载和卸载曲线。

为了研究聚醚醚酮应力-应变曲线对应变率的依赖性，分别以 2 mm/min、5 mm/min、10 mm/min 的速率对试件进行加载与卸载，可得聚醚醚酮试件在应变率分别为 0.0017 s^{-1}、0.0042 s^{-1}、0.0083 s^{-1} 时的应力-应变曲线，如图 2-11 所示。聚醚醚酮的压缩加载/卸载曲线均呈现出非线性特征，特别是加载阶段表现得较明显。加载初始阶段曲线部分反映聚醚醚酮的刚性响应；其卸载曲线为一个带有残余应变的非线性滞后环，表明卸载试验完成后存在一定的残余应力，随着时间的推移逐步恢复。另外，由应力-应变曲线可知室温下屈服应力与应变速率存在一定的依赖关系，对于曲线的加载/卸载部分，应变速率越大，应力越大，即屈服应力随着应变率的增大而增大。

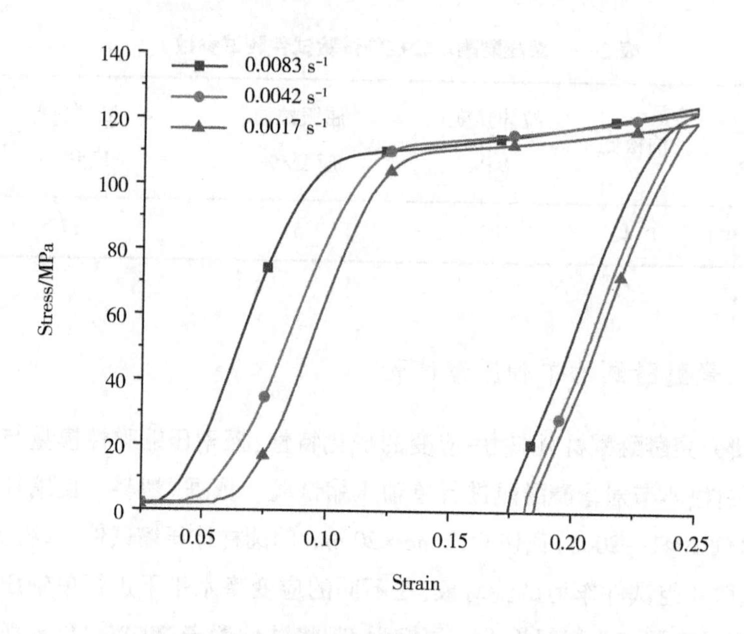

图 2-11　聚醚醚酮的压缩应力-应变曲线

2.1.5.3　聚醚醚酮的压缩应力松弛试验

聚醚醚酮的应力-应变特性与时间有密切关系，为了研究以聚醚醚酮为材料制成的抽油泵软柱塞的性能，本节对聚醚醚酮试件进行加载和卸载循环的压缩应力松弛试验。本节试验的标准、方法与对聚氨酯试件进行的压缩应力松弛试验相同。试验选取的压缩装置为 WDW-200E 微机控制电子式万能试验机。将聚醚醚酮材料制成直径为 12 mm、高度为 20 mm 的圆柱体试件，以 10 mm/min 的加载速率在圆柱体试件上进行 3 个不同应变水平（8%、16%和 25%）下的压缩应力松弛试验，每个水平松弛时间为 300 s，得到的应力-应变曲线如图 2-12 所示。由图 2-12 可知，当达到预设应变松弛水平时，应力出现急剧减小现象，减小持续至预设时间后则重新加载，应力急剧变化的部分与原压缩曲线的应力部分不重合。

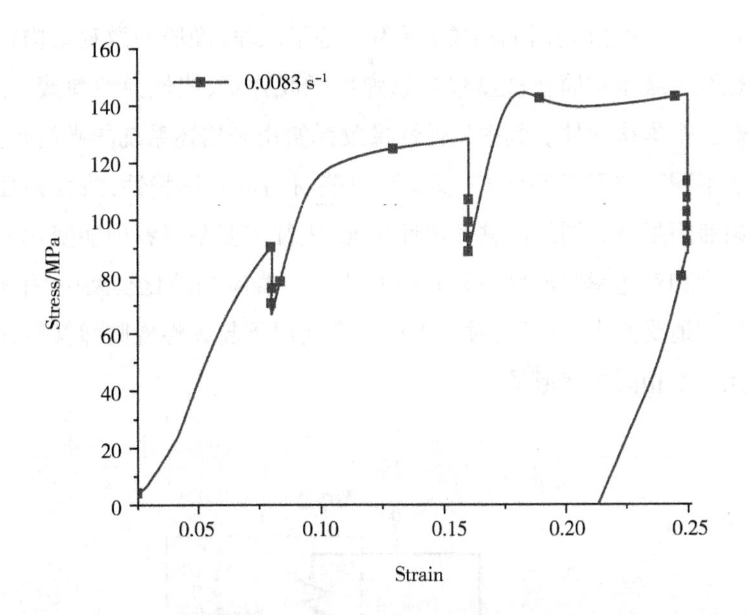

图 2-12　聚醚醚酮的压缩应力松弛曲线

2.2　聚氨酯本构模型

为了构建抽油泵多级软柱塞的有限元模型并进行结构优化设计，本节基于聚氨酯的单轴拉伸试验和单轴压缩试验建立应力与应变的非线性关系，针对几种适用于聚氨酯的典型非线性本构模型进行优选，从而确定软柱塞所用聚氨酯的本构模型及参数。

2.2.1　聚氨酯本构模型描述

聚氨酯是一种将软段和硬段有机结合起来的高分子材料，软段、硬段以相互交换和不断渗透的形式共同组成聚氨酯的组织结构，使其呈弹性玻璃状，并具有黏弹塑性。以聚氨酯的结构特征为基础分析聚氨酯的应力-应变行为、构建本构模型时，必须同时考虑软段和硬段的行为。聚氨酯一维本构简化模型如图 2-13 所示：模型有两个“平行”的单元，左侧单元对应于聚氨酯软段的超弹性行为特征，右侧单元对应于硬段的黏弹塑性行为特性。这种耦合的超弹性（与时间无关）和黏弹塑性（与时间相关）行为是基于软段、硬段的微观结构特征建立的。聚氨酯一维本构简化模型包含超弹性橡胶弹簧、线性弹性弹簧、非线性黏滞阻尼器三个本构元件。其中超弹性橡胶弹簧用来描述系统的平衡行为，反映软段分子不同取向引起的熵变，表征聚氨酯材料的变形特性；线性弹性弹簧和非线性黏滞阻尼器共同组成黏弹塑性单元，表征聚氨酯材料内能变化引起的初始弹性行为和对速率及温度的依赖性行为。一维本构简化模型中“平行”的两个单元平均地受到应力作用，对应于在通常情况下超弹性橡胶弹簧单元和黏弹塑性单元产生相同的变形量。

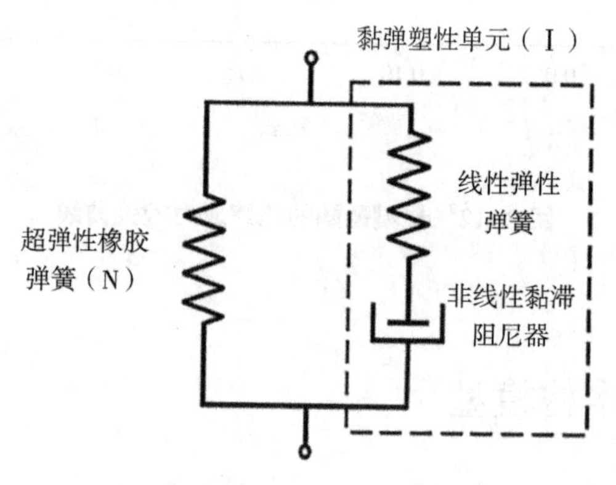

图 2-13　聚氨酯一维本构简化模型

分别用下标 N 与 I 区分作用于超弹性橡胶弹簧和黏弹塑性单元上的变量，用以区分两个“平行”单元。基于材料的各向同性和“平行”分量的平均效应，有

$$T_N = T_I = T_H \tag{2-5}$$

式中，T_H ——宏观变形梯度；

T_N ——作用于超弹性橡胶弹簧上的变形梯度；

T_I ——作用于黏弹塑性单元上的变形梯度。

柯西总应力为

$$\boldsymbol{F}_K = \boldsymbol{F}_N + \boldsymbol{F}_I \tag{2-6}$$

式中，$\boldsymbol{F}_N$ ——由超弹性橡胶弹簧引起的应力分量，MPa；

$\boldsymbol{F}_{\mathrm{I}}$ ——由黏弹塑性单元引起的应力分量，MPa。

(1)超弹性行为

$\boldsymbol{F}_{\mathrm{N}}$ 为作用于超弹性橡胶弹簧上的应力。2005 年，Qi 和 Boyce 针对聚氨酯材料的拉伸软化行为进行建模。在考虑橡胶应变偏微分的情况下，研究人员为了描述各向同性均相的弹性体材料在大拉伸时的超弹性行为和平衡行为，建立的柯西应力方程为

$$E_{\mathrm{N}} = \frac{E_{\mathrm{N}}\sqrt{N_{\mathrm{G}}}}{3J_{\mathrm{N}}\boldsymbol{\lambda}_{\mathrm{c}}}\mathrm{L}^{-1}\left(\frac{\boldsymbol{\lambda}_{\mathrm{c}}}{\sqrt{N_{\mathrm{G}}}}\right)\overline{\boldsymbol{B}}'_{\mathrm{N}} \tag{2-7}$$

式中，E_{N} ——橡胶模量，$E_{\mathrm{N}} = knT$，k 为玻尔兹曼常数，n 为基础大分子网络的链密度(单位参考体积内的分子链数)，T 为绝对温度；

N_{G} ——两个交联之间的刚性连接数；

J_{N} ——相对体积的变化，$J_{\mathrm{N}} = \det T_{\mathrm{N}}$；

$\boldsymbol{\lambda}_{\mathrm{c}}$ ——八链网络中每条链的拉伸，且 $\boldsymbol{\lambda}_{\mathrm{c}} = \sqrt{\overline{I_1}/3}$，$\overline{I_1}$ 为 $\overline{\boldsymbol{B}}_{\mathrm{N}}$ 的第一不变量，$\overline{I_1} = \mathrm{tr}(\overline{\boldsymbol{B}}_{\mathrm{N}})$，$\overline{\boldsymbol{B}}_{\mathrm{N}}$ 为等体积的左柯西-格林张量，$\overline{\boldsymbol{B}}_{\mathrm{N}} = \overline{T}_{\mathrm{N}}\overline{T}_{\mathrm{N}}^{T}$，在这个模型中，$T_{\mathrm{N}}$ 可能会包含一个小体积应变，由 $\overline{T}_{\mathrm{N}} = J_{\mathrm{N}}^{-1/3}T_{\mathrm{N}}$ 得到；

$\overline{\boldsymbol{B}}'_{\mathrm{N}}$ ——偏移部分的 $\overline{\boldsymbol{B}}_{\mathrm{N}}$，$\overline{\boldsymbol{B}}'_{\mathrm{N}} = \overline{\boldsymbol{B}}_{\mathrm{N}} - \frac{1}{3}\mathrm{tr}(\overline{\boldsymbol{B}}_{\mathrm{N}})\boldsymbol{I}$，$\boldsymbol{I}$ 为单位张量；

$\mathrm{L}^{-1}(\cdot)$ ——Langevin 函数的逆函数，使用 Pade 近似值，Langevin 函数关系式为

$$\mathrm{L}(x) = \cot x - 1/x \tag{2-8}$$

对于具有两相结构的聚氨酯弹性体，软、硬段协同作用、相辅相成，硬段作为刚性填料来加固软段，发挥传递应力-应变行为物理交联剂的作用，对聚氨酯弹性体的力学性能起到至关重要的作用。对于硬段填料填充的软段，由于硬段中的应变较小，因此在软段施加的应变需要通过隐含系数放大。δ_{s} 和 δ_{h} 分别为聚氨酯中软段、硬段的有效体积分数，与按材料组成计算出的实际体积分数不同。一方面，聚氨酯中的软段和硬段相互渗透，一般不存在完全孤立的硬段，导致硬段的有效体积分数小于根据成分计算得到的体积分数；另一方面，部分软段被硬段遮挡，在受到载荷驱动后，当所有软段都从遮挡中释放出来时，其有效体积分数可能变得比根据成分计算得到的大，从而使孤立的硬段在软段中分解，导致有效硬段体积分数增大。

2000 年，Bergström 和 Boyce 指出，在填充弹性体中，弹性体区域内的平均应变比宏观应变的平均应变大，因为刚性填充颗粒对宏观应变的适应能力很差。对于一个三维变形状态，拉伸的第一不变量为

$$\langle I_1 \rangle_m = K(\langle I_1 \rangle - 3) + 3 \tag{2-9}$$

式中，$\langle I_1 \rangle_m$——矩阵中的平均 I_1；

$\langle I_1 \rangle$——描述材料的整体宏观 I_1；

K——放大因子，它的分布依赖于软段有效体积分数 δ_s，满足关系式 $K = 1 + 3.5(1 - \delta_s) + 18(1 - \delta_s)^2$。

继 Qi 和 Boyce 之后，一些研究者修正了柯西应力放大应变，以放大因子和扩增链长表征，即

$$\boldsymbol{F}_N = \frac{\delta_s K E_N}{3 J_N} \frac{\sqrt{N_G}}{\Lambda_c} \mathrm{L}^{-1}\left(\frac{\Lambda_c}{\sqrt{N_G}}\right) \overline{\boldsymbol{B}}' \tag{2-10}$$

Λ_c 为扩增链长，定义

$$\Lambda_c = \sqrt{K({\lambda_c}^2 - 1)^2 + 1} \tag{2-11}$$

在软段中局部链拉伸 Λ_c 的驱动下，变形软段的初始遮挡区域随着形变而逐渐释放，通常用软段有效体积分数 δ_s 描述软化过程。随着所施加载荷的去除，硬段并没有得到恢复，仍处于形变状态，可以假设硬段的形变是永久性的。因此，取加载过程中保持最大链长 Λ_c^{max} 所达到的 δ_s 值。当局部链条拉伸超过最大链条伸展时，δ_s 的演变将被重新激活，即当 $\Lambda_c > \Lambda_c^{max}$ 时，δ_s 与 Λ_c 正相关，放大因子 K 与 Λ_c 负相关。当局部链条拉伸 Λ_c 到达 λ_c^{lock} 时，δ_s 从初始值 δ_{s0} 变化到饱和值 δ_{ss}。δ_s 的演化遵循以下规律

$$\dot{\delta}_s = A(\delta_{ss} - \delta_s) \frac{\lambda_c^{lock} - 1}{(\lambda_c^{lock} - \Lambda_c^{max})^2} \dot{\Lambda}_c^{max} \tag{2-12}$$

式中

$$\dot{\Lambda}_c^{max} = \begin{cases} \dot{\Lambda}_c, \Lambda_c \geqslant \Lambda_c^{max} \\ 0, \Lambda_c < \Lambda_c^{max} \end{cases} \tag{2-13}$$

A 是一个参数，它描述 δ_s 随着 Λ_c 的增大发生的演化。

（2）黏弹塑性行为

宏观变形梯度满足

$$T_{\mathrm{H}} = \square \varepsilon_0 = \frac{\partial x_{\mathrm{d}}}{\partial x_{\mathrm{u}}} \tag{2-14}$$

式中，x_{u} ——未变形的位置参考；

x_{d} ——变形的位置空间配置，通过运动映射 $x_{\mathrm{d}} = \varepsilon_0(x_{\mathrm{u}}, t)$ 可得，t 为时间；

$\square(\cdot)$ ——梯度对未变形的参考配置。

如图 2-14 所示，基于黏弹塑性材料本构模型的相容性，黏弹塑性单元的变形梯度 T_{I} 满足

$$T_{\mathrm{I}} = T_{\mathrm{I}}^{\mathrm{e}} T_{\mathrm{I}}^{\mathrm{p}} \tag{2-15}$$

式中，$T_{\mathrm{I}}^{\mathrm{e}}$ ——黏弹塑性单元中的弹性变形梯度；

$T_{\mathrm{I}}^{\mathrm{p}}$ ——黏弹塑性单元中的塑性变形梯度。

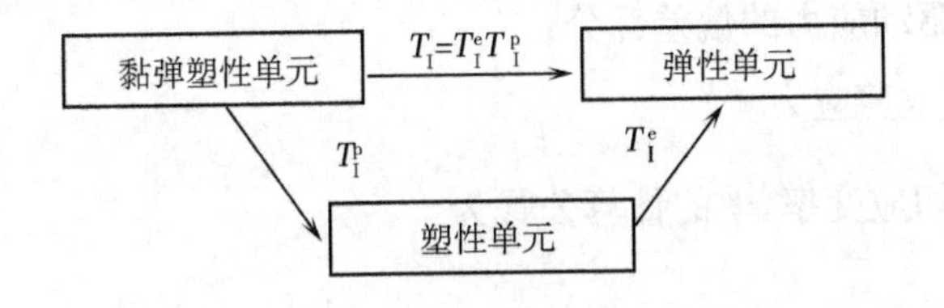

图 2-14　将 T_{I} 分解成弹性和塑性变形梯度的原理图

空间速度梯度 L 对变形速率的描述符合

$$L = \mathrm{grad}\boldsymbol{v}_{\mathrm{s}} = \dot{T}_{\mathrm{H}} T_{\mathrm{H}}^{-1} \tag{2-16}$$

式中，$\boldsymbol{v}_{\mathrm{s}}$ ——空间速度场；

$\mathrm{grad}(\cdot)$ ——梯度对变形的配置。

采用变形梯度及时间导数的弹塑性乘法分解，黏弹塑性单元的速度梯度表示为

$$L = \dot{T}_{\mathrm{I}} T_{\mathrm{I}}^{-1} = \dot{T}_{\mathrm{I}}^{\mathrm{e}} T_{\mathrm{I}}^{\mathrm{e}-1} + T_{\mathrm{I}}^{\mathrm{e}} \dot{T}_{\mathrm{I}}^{\mathrm{p}} T_{\mathrm{I}}^{\mathrm{p}-1} T_{\mathrm{I}}^{\mathrm{e}-1} \tag{2-17}$$

定义空间速度梯度由弹性速度梯度 $L_{\mathrm{I}}^{\mathrm{e}}$ 和塑性速度梯度 $\tilde{L}_{\mathrm{I}}^{\mathrm{p}}$ 相加而得，即

$$L = L_{\mathrm{I}}^{\mathrm{e}} + \tilde{L}_{\mathrm{I}}^{\mathrm{p}} \tag{2-18}$$

$$L_{\mathrm{I}}^{\mathrm{e}}=\dot{T}_{\mathrm{I}}^{\mathrm{e}}T_{\mathrm{I}}^{\mathrm{e}-1} \tag{2-19}$$

$$\tilde{L}_{\mathrm{I}}^{\mathrm{p}}=T_{\mathrm{I}}^{\mathrm{e}}L_{\mathrm{I}}^{\mathrm{p}}T_{\mathrm{I}}^{\mathrm{e}-1} \tag{2-20}$$

$L_{\mathrm{I}}^{\mathrm{p}}$ 为黏弹塑性单元在松弛构型下的塑性速度梯度，$L_{\mathrm{I}}^{\mathrm{p}}$ 可以进一步分解，即

$$L_{\mathrm{I}}^{\mathrm{p}}=\dot{T}_{\mathrm{I}}^{\mathrm{p}}T_{\mathrm{I}}^{\mathrm{p}-1}=D_{\mathrm{I}}^{\mathrm{p}}+W_{\mathrm{I}}^{\mathrm{p}} \tag{2-21}$$

式中，$D_{\mathrm{I}}^{\mathrm{p}}$ ——松弛构型下的塑性形状变化速率；

$W_{\mathrm{I}}^{\mathrm{p}}$ ——松弛构型下的塑性自旋速率，塑性流动是无旋的，故 $W_{\mathrm{I}}^{\mathrm{p}}=0$。

塑性拉伸速率的计算公式为

$$D_{\mathrm{I}}^{\mathrm{p}}=\dot{\varepsilon}_{\mathrm{I}}^{\mathrm{p}}N_{\mathrm{I}}^{\mathrm{p}} \tag{2-22}$$

式中，$\dot{\varepsilon}_{\mathrm{I}}^{\mathrm{p}}$ ——黏塑性剪切应变率；

$N_{\mathrm{I}}^{\mathrm{p}}$ ——塑性流动方向，与偏置驱动应力张量的大小相关，满足

$$N_{\mathrm{I}}^{\mathrm{p}}=\frac{1}{\sqrt{2}\boldsymbol{\tau}}\boldsymbol{\sigma}^{*} \tag{2-23}$$

式中，$\boldsymbol{\sigma}^{*}$ ——驱动应力的偏差部分；

$\boldsymbol{\tau}$ ——等效剪应力。

黏塑性剪切应变率 $\dot{\varepsilon}_{\mathrm{I}}^{\mathrm{p}}$ 的计算公式为

$$\dot{\varepsilon}_{\mathrm{I}}^{\mathrm{p}}=\dot{\varepsilon}_{0}^{\mathrm{p}}\exp\left(-\frac{\Delta H_{\mathrm{I}}}{E_{\mathrm{v}}T}\right)\sinh\left(\frac{\Delta H_{\mathrm{I}}}{E_{\mathrm{v}}T}\cdot\frac{\tilde{\tau}_{\mathrm{I}}}{\tilde{s}_{\mathrm{I}}}\right) \tag{2-24}$$

式中，ΔH_{I} ——零应力水平时聚合物链黏塑性流动的水平活化能；

$\dot{\varepsilon}_{0}^{\mathrm{p}}$——参考黏塑性剪切应变率；

T——绝对温度（$T=295$ K，1 K=−272.15 ℃）；

E_{v}——体积模量；

$\tilde{s}_{\mathrm{I}}$ ——有效剪切强度，用以表示聚氨酯对黏塑性剪切变形的抗力，$\tilde{s}_{\mathrm{I}}=s_{\mathrm{I}}+\alpha\tilde{p}$，$s_{\mathrm{I}}$ 为平均正压，α 为压敏度，$\tilde{p}=-\frac{1}{3}\mathrm{tr}(\boldsymbol{F}_{\mathrm{I}})$；

$\tilde{\boldsymbol{F}}_{\mathrm{I}}$ ——由对流应力张量计算得到的有效剪应力，假设塑性流与驱动应力张量的偏微分部分同轴，对塑性流动的驱动应力进行计算，满足

$$\tilde{\boldsymbol{F}}_{\mathrm{I}}=J_{\mathrm{I}}R_{\mathrm{I}}^{\mathrm{T}}\boldsymbol{F}_{\mathrm{I}}R_{\mathrm{I}}^{\mathrm{e}} \tag{2-25}$$

式中，J_{I} ——相对体积变化，满足 $J_{\mathrm{I}} = \det T_{\mathrm{I}}^{\mathrm{e}}$ ；

$\boldsymbol{F}_{\mathrm{I}}$ ——柯西应力张量；

$R_{\mathrm{I}}^{\mathrm{e}}$ ——弹性转动，满足

$$T_{\mathrm{I}}^{\mathrm{e}} = R_{\mathrm{I}}^{\mathrm{e}} U_{\mathrm{I}}^{\mathrm{e}} = V_{\mathrm{I}}^{\mathrm{e}} R_{\mathrm{I}}^{\mathrm{e}} \tag{2-26}$$

式中，$V_{\mathrm{I}}^{\mathrm{e}}$ ——弹性的左拉伸；

$U_{\mathrm{I}}^{\mathrm{e}}$ ——弹性的右拉伸。

在松弛空间中作用的对流应力张量 $\tilde{\boldsymbol{T}}_{\mathrm{I}}$ 通常被称为各向同性弹塑性固体在有限变形和旋转下的对称模态应力。

2.2.2　聚氨酯本构模型相关计算公式

聚氨酯的单轴拉伸试验和单轴压缩试验结果表明其具有高度非线性、滞后性、软化性等特征，其变形行为依赖于速率。材料的特征参数可以描述应力-应变行为，本构关系是材料内在特征的表现。在简化本构模型中，三个构件与材料行为的不同特征相对应：聚氨酯材料的平衡行为等效于模型中的超弹性橡胶弹簧；聚氨酯软化过程中软段有效体积分数的演化对应于与时间有关的线性弹性弹簧刚度行为；模型中的黏滞阻尼器与非线性时变行为的影响相呼应。

国内外学者已经提出了表征聚氨酯类非线性弹塑性材料力学行为的理论模型，工程上应用较多的有四个：基于连续介质的唯象理论构建的 Mooney-Rivlin 模型、Yeoh 模型、三阶 Ogden 模型，以及以分子热力学统计理论（以非线性材料熵的减少为弹性恢复理论基础）构建的 Arruda-Boyce 模型。在一定的应变范围内，以不同本构模型计算得到的精度存在差异，为了准确表征多级软柱塞所用聚氨酯的力学性能，确定与聚氨酯应力-应变曲线拟合度较高的本构模型，需要在常用的本构模型中进行分析、优选。

研究聚氨酯本构模型的前提是将其视为各向同性且不可压缩的弹塑性体，通过应变能函数关系描述材料承受载荷后的物理特性，以不同形式的应变能函数表征四种不同的本构模型。先确定应变能函数 M 的表达式，再根据柯西应力张量 $\boldsymbol{F}_{\mathrm{K}}$ 与应变能函数的关系式进行计算，计算公式为

$$\boldsymbol{F}_{\mathrm{K}} = 2\frac{\partial M}{\partial I_1}\boldsymbol{B} - 2\frac{\partial M}{\partial I_2}\boldsymbol{B}^{-1} - p\boldsymbol{I} \tag{2-27}$$

式中,M ——应变能函数;

$\boldsymbol{B}$ ——右柯西-格林变形张量;

$\boldsymbol{p}$ ——假设不可压缩引入的静水压力;

I_i —— $\boldsymbol{B}$ 的不变量;

$\boldsymbol{I}$ ——单位张量。

右柯西-格林变形张量 $\boldsymbol{B}$ 的不变量 I_i 与主伸长率 λ_i 满足关系式

$$\left.\begin{aligned}I_1&=\lambda_1{}^2+\lambda_2{}^2+\lambda_3{}^2\\I_2&=(\lambda_1\lambda_2)^2+(\lambda_2\lambda_3)^2+(\lambda_3\lambda_1)^2\\I_3&=(\lambda_1\lambda_2\lambda_3)^2\end{aligned}\right\}\tag{2-28}$$

由于聚氨酯材料是各向同性的,且假设变形过程中是不可压缩的,因此存在关系式

$$I_3=(\lambda_1\lambda_2\lambda_3)^2=1\tag{2-29}$$

整理可得

$$\lambda_3=\frac{1}{\lambda_1\lambda_2}\tag{2-30}$$

将式(2-28)、式(2-30)代入式(2-27)可得

$$\boldsymbol{F}_i=2\left(\lambda_i^2\frac{\partial M}{\partial I_1}-\frac{1}{\lambda_i^2}\frac{\partial M}{\partial I_2}\right)-\boldsymbol{p}\tag{2-31}$$

在聚氨酯材料的单轴拉伸试验中,有

$$\boldsymbol{F}_2=\boldsymbol{F}_3=0\tag{2-32}$$

$$\lambda_2^2=\lambda_3^2=\frac{1}{\lambda_1}\tag{2-33}$$

将式(2-32)、式(2-33)代入式(2-31)可得

$$\boldsymbol{p}=2\left(\frac{1}{\lambda_1}\frac{\partial M}{\partial I_1}-\lambda_1\frac{\partial M}{\partial I_2}\right)\tag{2-34}$$

整理可得

$$\boldsymbol{F}_1=2\left(\lambda_1^2-\frac{1}{\lambda_1}\right)\left(\frac{\partial M}{\partial I_1}+\frac{1}{\lambda_1}\frac{\partial M}{\partial I_2}\right)\tag{2-35}$$

2.2.2.1 Mooney-Rivlin 模型

由于材料具有各向同性,因此对应变能密度分解并进行泰勒展开可推导出

应变能函数多项式

$$M = \sum_{i+j=1}^{N} C_{ij}(I_1 - 3)^i (I_2 - 3)^j + \sum_{i=1}^{N} \frac{1}{d_i}(J - 1)^{2i} \tag{2-36}$$

式中，d_i——初始直径；

J——相对体积改变。

两参数 Mooney-Rivlin 模型是 Rivlin 推导出的应变能函数表达式，是应用频繁、适用范围广泛的基本模型，即

$$M = \sum_{i+j=1}^{N} C_{ij}(I_1 - 3)^i (I_2 - 3)^j \tag{2-37}$$

式中，C_{ij}——Rivlin 系数，即对试验数据进行分析得出的回归系数。

取 $N=1$，可得简化 Mooney-Rivlin 模型应变能函数，即 Mooney-Rivlin 方程

$$M = C_{10}(I_1 - 3) + C_{01}(I_2 - 3) \tag{2-38}$$

求导可得

$$\frac{\partial M}{\partial I_1} = C_{10} \tag{2-39}$$

$$\frac{\partial M}{\partial I_2} = C_{01} \tag{2-40}$$

将式(2-39)、式(2-40)代入式(2-35)，整理可得

$$\boldsymbol{F}_1 = 2\left(\lambda_1^2 - \frac{1}{\lambda_1}\right)\left(C_{10} + \frac{1}{\lambda_1}C_{01}\right) \tag{2-41}$$

即

$$\frac{\boldsymbol{F}_1}{2\left(\lambda_1^2 - \frac{1}{\lambda_1}\right)} = C_{10} + \frac{1}{\lambda_1}C_{01} \tag{2-42}$$

令

$$x = \frac{1}{\lambda_1} \tag{2-43}$$

$$y = \frac{\boldsymbol{F}_1}{2\left(\lambda_1^2 - \frac{1}{\lambda_1}\right)} \tag{2-44}$$

将式(2-43)、式(2-44)代入式(2-42)，得到简化模型为

$$y = C_{10} + C_{01}x \tag{2-45}$$

式(2-45)即为单轴拉伸试验情况下得到的 C_{10} 与 C_{01} 的关系式。利用软件将试验数据进行拟合可得到 $y - x$ 直线，结合式(2-45)即可得出 Mooney-Rivlin

模型中的 C_{10}、C_{01}。

2.2.2.2 Yeoh 模型

对于式(2-36),设定参数 $j=0$,可得应变能函数多项式的缩减式

$$M=\sum_{i=1}^{N}C_{i0}(I_1-3)^i+\sum_{i=1}^{N}\frac{1}{d_i}(J-1)^{2i} \tag{2-46}$$

三阶 Yeoh 模型为上式中 $N=3$ 时的特殊多项式,即

$$M=\sum_{i=1}^{3}C_{i0}(I_1-3)^i+\sum_{i=1}^{3}\frac{1}{d_i}(J-1)^{2i} \tag{2-47}$$

式中,C_{i0}——Yeoh 模型的回归系数,可通过试验数据得到。

对于不可压缩的聚氨酯材料,$J=1$,则有

$$M=C_{10}(I_1-3)+C_{20}(I_1-3)^2+C_{30}(I_1-3)^3 \tag{2-48}$$

$$\frac{\partial M}{\partial I_1}=C_{10}+2C_{20}(I_1-3)+3C_{30}(I_1-3)^2 \tag{2-49}$$

$$\frac{\partial M}{\partial I_2}=0 \tag{2-50}$$

将式(2-49)、式(2-50)代入式(2-35)可得

$$\frac{F_1}{2\left(\lambda_1^2-\dfrac{1}{\lambda_1}\right)}=C_{10}+2C_{20}\left(\lambda_1^2+\frac{2}{\lambda_1}-3\right)+3C_{30}\left(\lambda_1^2+\frac{2}{\lambda_1}-3\right)^2 \tag{2-51}$$

设

$$x=\lambda_1^2+\frac{2}{\lambda_1}-3 \tag{2-52}$$

$$y=\frac{F_1}{2\left(\lambda_1^2-\dfrac{1}{\lambda_1}\right)} \tag{2-53}$$

将式(2-52)、式(2-53)代入式(2-51)可得

$$y=3C_{30}x^2+2C_{20}x+C_{10} \tag{2-54}$$

式(2-54)为包含 C_{10}、C_{20} 和 C_{30} 3 个参数的二次方程。可由单轴拉伸试验数据拟合出二次曲线,再根据式(2-54)得出 Yeoh 模型的参数 C_{10}、C_{20} 和 C_{30}。

2.2.2.3　三阶 Ogden 模型

Ogden 模型是用主伸长率 λ_1、λ_2、λ_3 的级数来描述非线性材料的应变能函数 M。Ogden 模型的应变能函数表达式为

$$M = \sum_{i=1}^{N} \frac{2u_i}{a_i^2}(\lambda_1^{a_i} + \lambda_2^{a_i} + \lambda_3^{a_i} - 3) + \sum_{i=1}^{N} \frac{1}{d_i}(J - 1)^{2i} \tag{2-55}$$

式中，u_i ——材料常数；

a_i ——非线性材料常数，与拉伸变形无关。

$$\boldsymbol{F}_i = \lambda_i \frac{\partial M}{\partial \lambda_i} - \boldsymbol{p} = 2\sum_{j=1}^{N} \frac{u_j}{a_j}\lambda_i^{a_j} - \boldsymbol{p} \tag{2-56}$$

$N = 3$ 时为三阶 Ogden 模型，即

$$\boldsymbol{F}_1 = 2\left(\frac{u_1}{a_1}\lambda_1^{a_1} + \frac{u_2}{a_2}\lambda_1^{a_2} + \frac{u_3}{a_3}\lambda_1^{a_3} - \boldsymbol{p}\right) \tag{2-57}$$

$$\boldsymbol{F}_2 = 2\left(\frac{u_1}{a_1}\lambda_2^{a_1} + \frac{u_2}{a_2}\lambda_2^{a_2} + \frac{u_3}{a_3}\lambda_2^{a_3} - \boldsymbol{p}\right) \tag{2-58}$$

$$\boldsymbol{F}_3 = 2\left(\frac{u_1}{a_1}\lambda_3^{a_1} + \frac{u_2}{a_2}\lambda_3^{a_2} + \frac{u_3}{a_3}\lambda_3^{a_3} - \boldsymbol{p}\right) \tag{2-59}$$

对于单轴拉伸试验来说，满足 $\boldsymbol{F}_2 = \boldsymbol{F}_3 = 0$，由式(2-33)、式(2-58)、式(2-59)可得

$$\boldsymbol{p} = 2\left(\frac{u_1}{a_1}\lambda_1^{-\frac{1}{2}a_1} + \frac{u_2}{a_2}\lambda_1^{-\frac{1}{2}a_2} + \frac{u_3}{a_3}\lambda_1^{-\frac{1}{2}a_3}\right) \tag{2-60}$$

将式(2-60)代入式(2-57)可得

$$\boldsymbol{F}_1 = 2\left[\frac{u_1}{a_1}(\lambda_1^{a_1} - \lambda_1^{-\frac{1}{2}a_1}) + \frac{u_2}{a_2}(\lambda_1^{a_2} - \lambda_1^{-\frac{1}{2}a_2}) + \frac{u_3}{a_3}(\lambda_1^{a_3} - \lambda_1^{-\frac{1}{2}a_3})\right] \tag{2-61}$$

2.2.2.4　Arruda-Boyce 模型

Arruda-Boyce 模型的应变能函数表达式为

$$M = \mu_0 \sum_{i=1}^{5} \frac{C_i}{\lambda_{\mathrm{m}}^{2i-2}}(I_1^i - 3^i) + \frac{1}{D_0}\left(\frac{J^2 - 1}{2} - \ln J\right) \tag{2-62}$$

式中，μ_0——初始剪切模量系数；

λ_m——锁死应变系数,在应力-应变曲线斜率最大处;

D_0——材料体积可压缩性能参数;

C_1、C_2、C_3、C_4、C_5——由热力学统计方法得到的数值, $C_1=\frac{1}{2}$, $C_2=\frac{1}{20}$, $C_3=\frac{11}{1050}$, $C_4=\frac{19}{7050}$, $C_5=\frac{519}{673750}$。

2.2.3 聚氨酯本构模型拟合

采用不同本构模型对聚氨酯材料在相同应变范围内的试验数据进行拟合的效果存在一些差别,采用相同本构模型对聚氨酯材料在不同应变范围内的试验数据进行拟合的效果同样存在差别。为进行不同载荷情况下的有限元分析,本节运用 ABAQUS 软件,对聚氨酯材料在单轴拉伸、单轴压缩、压缩应力松弛试验中三种不同的应力-应变状态下分别采用不同的本构模型进行拟合,确定拟合效果较好的本构模型。

为了保证拟合模型的精度,所用试验数据的应变范围须与实际的应变范围相符。聚氨酯材料加工而成的抽油泵软柱塞在运行过程中的最大应变为 0.175,聚氨酯试件单轴拉伸试验的最大应变一般取 2,能满足实际应变范围的要求。因此,本节拉伸曲线拟合选取应变小于 2 的参数进行本构模型模拟。

2.2.3.1 单轴拉伸应力-应变状态

根据硬段含量为 38%的聚氨酯在不同应变率下的应力-应变曲线,分别拟合出 Mooney-Rivlin 模型、Yeoh 模型、三阶 Ogden 模型及 Arruda-Boyce 模型的应力-应变曲线,如图 2-15 所示。

为了确定表征聚氨酯材料力学性能的本构模型及参数,需要对拟合数据进行处理。分别计算四种本构模型拟合曲线与实测曲线的差值,对横坐标进行积分,得到拟合曲线与实测曲线构成的面积。面积大小反映拟合曲线和实测曲线的接近程度,最小面积的拟合曲线对应的本构模型最能反映聚氨酯材料应力-应变函数关系。不同本构模型拟合曲线与实测曲线构成的面积见表 2-4。

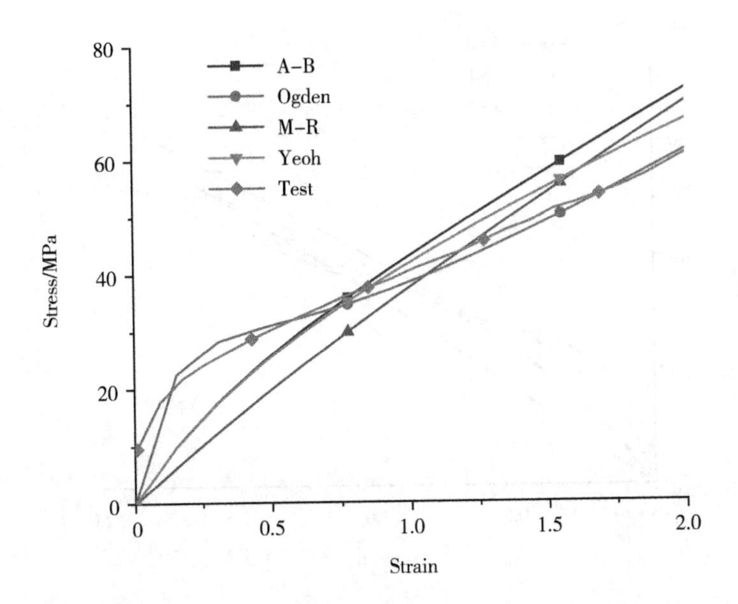

(a)应变率为 0.01 s^{-1}

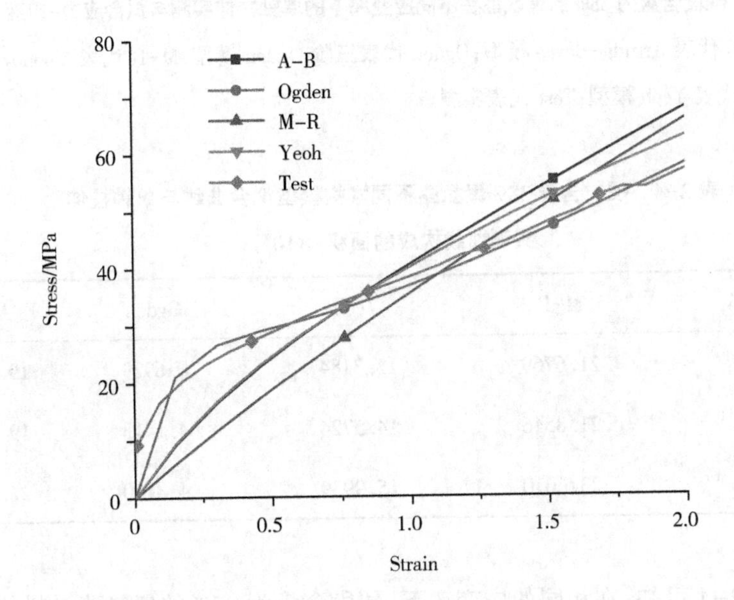

(b)应变率为 0.001 s^{-1}

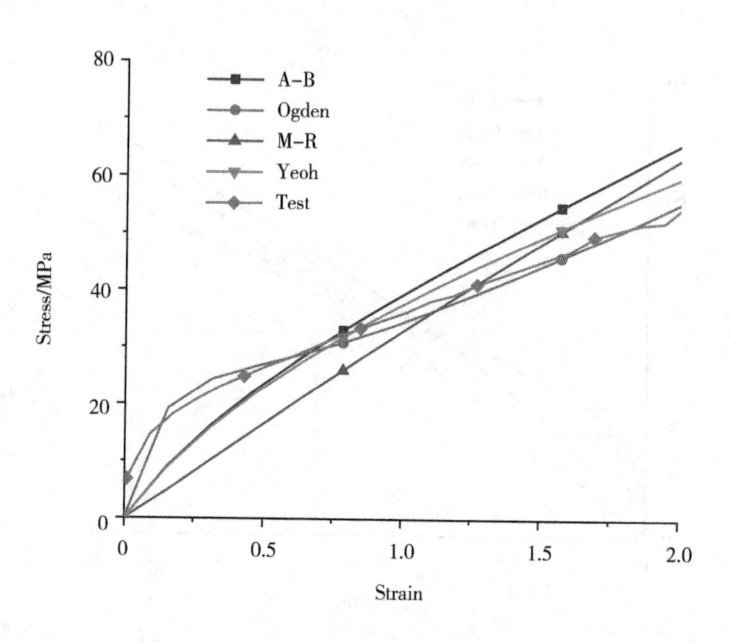

(c)应变率为 0.0001 s^{-1}

图2-15 硬段含量为38%的聚氨酯在不同应变率下的单轴拉伸实测与拟合应力-应变曲线

注：A-B 代表 Arruda-Boyce 模型；Ogden 代表三阶 Ogden 模型；M-R 代表 Mooney-Rivlin 模型；Yeoh 代表 Yeoh 模型；Test 代表实测。

表 2-4 硬段含量 38%聚氨酯不同本构模型拟合曲线与单轴拉伸实测曲线构成的面积（$\times10^6$）

应变率	M-R	Yeoh	Ogden	A-B
0.01 s^{-1}	21.6769	13.3184	0.6929	19.7708
0.001 s^{-1}	21.8546	14.5724	4.1413	19.5315
0.0001 s^{-1}	23.6610	15.9939	4.8150	22.0338

由表 2-4 可知：在相同的应变率下，硬段含量为 38%的聚氨酯材料的三阶 Ogden 模型拟合效果最好，Arruda-Boyce 模型和 Yeoh 模型拟合趋势一致，Yeoh 模型拟合趋势比 Arruda-Boyce 模型稍好些，Mooney-Rivlin 模型拟合效果相对较差；在不同的应变率下，各模型的单轴拉伸应力-应变曲线拟合情况均符合此规律。采用相同本构模型进行拟合分析时，拉伸应变率为 0.01 s^{-1} 时的拟合效

果明显优于拉伸应变率为 0.001 s^{-1}、0.0001 s^{-1} 时的拟合效果，即聚氨酯本构模型拟合曲线与实测曲线的接近程度随拉伸应变率的减小而降低。

为了研究硬段含量为 38%的聚氨酯在不同应变率下的拟合效果差异，本节对不同应变率下单轴拉伸应力-应变实测曲线与四种本构模型拟合曲线的差值进行分析，得到如图 2-16 所示的差值曲线。Arruda-Boyce 模型、Yeoh 模型及 Mooney-Rivlin 模型的拟合精度随着拉伸应变的增大先增大后减小，三阶 Ogden 模型的拟合精度随着拉伸应变的增大而增大并趋于稳定，接近实测数据，与前文的分析一致。此外，四种本构模型均为应变介于 0.6 与 1.2 之间时的拟合精度高于其他应变区间的拟合精度；拟合效果相对差的应变范围为 0.15~0.45 及大于 1.8 时，尤其是应变为 0.2 附近时，Mooney-Rivlin 模型的拟合曲线与实测曲线偏差最大，表现出很差的拟合效果；不同应变率下的差值曲线具有相同的规律。因此，对于压缩曲线及压缩应力松弛曲线，可任取某一个应变率进行分析。

同理，根据硬段含量为 49%的聚氨酯材料在不同应变率下的应力-应变曲线，分别拟合出四种本构模型的应力-应变曲线，如图 2-17 所示。

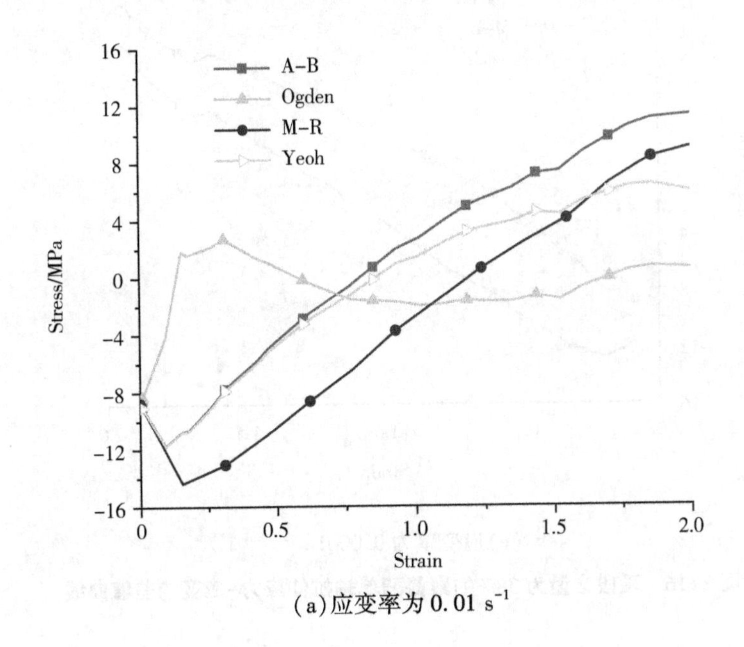

(a)应变率为 0.01 s^{-1}

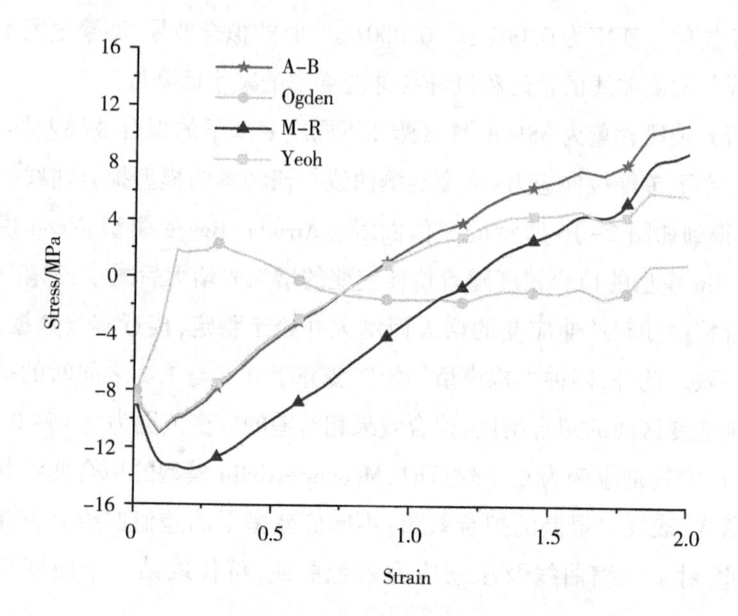

(b)应变率为 0.001 s^{-1}

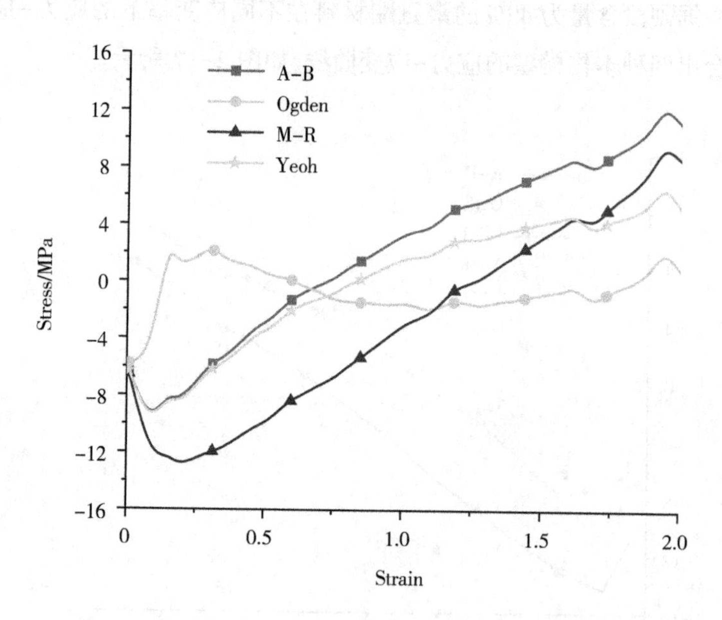

(c)应变率为 0.0001 s^{-1}

图 2-16 硬段含量为 38%的聚氨酯单轴拉伸应力-应变的差值曲线

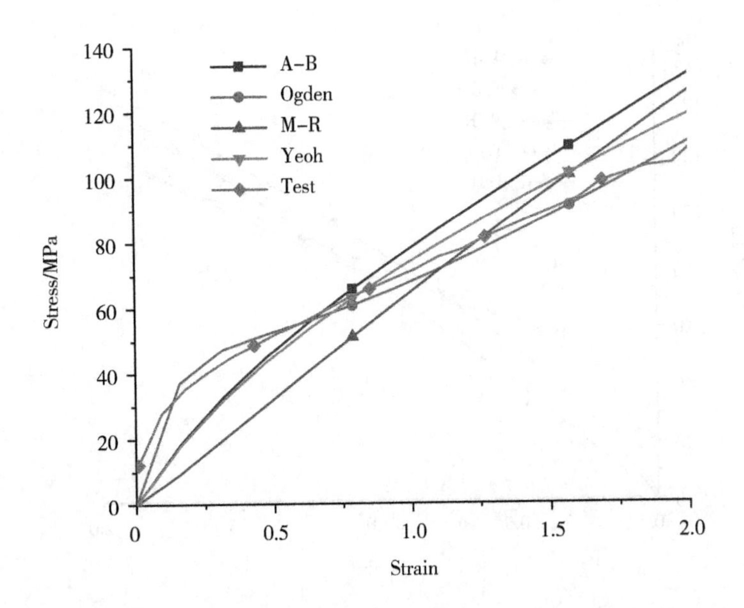

(a)应变率为 0.01 s^{-1}

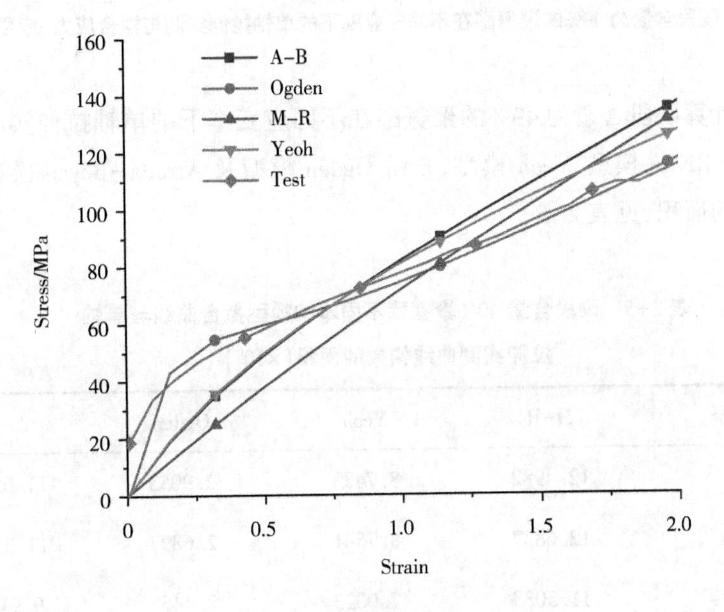

(b)应变率为 0.001 s^{-1}

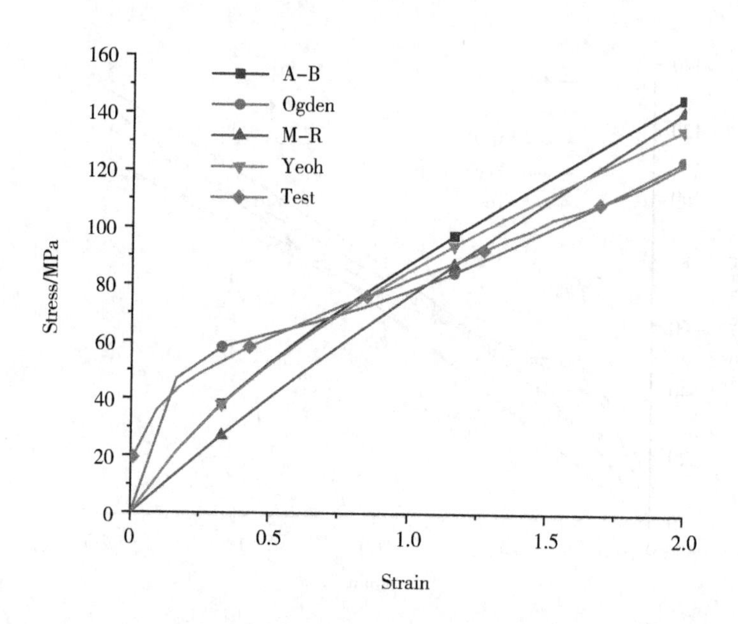

(c)应变率为 0.0001 s^{-1}

图 2-17 硬段含量为 49%的聚氨酯在不同应变率下的单轴拉伸实测与拟合应力-应变曲线

分别计算硬段含量为 49%的聚氨酯在不同应变率下的单轴拉伸实测曲线与 Mooney-Rivlin 模型、Yeoh 模型、三阶 Ogden 模型及 Arruda-Boyce 模型拟合曲线组成的面积,见表 2-5。

表 2-5 硬段含量 49%聚氨酯不同本构模型拟合曲线与单轴拉伸实测曲线构成的面积($\times 10^6$)

应变率	M-R	Yeoh	Ogden	A-B
0.01 s^{-1}	12.4982	8.7433	2.9053	11.0565
0.001 s^{-1}	12.6837	8.7581	2.6897	11.3200
0.000 1 s^{-1}	11.5083	7.0023	2.4452	9.9138

由表 2-5 可知:在相同的应变率下,硬段含量为 49%的聚氨酯材料不同本构模型的拟合精度从高到低依次为三阶 Ogden 模型、Yeoh 模型、Arruda-Boyce 模型、Mooney-Rivlin 模型;对于三阶 Ogden 模型,拟合精度从高到低对应的拉伸

应变率为 0.0001 s^{-1}、0.001 s^{-1}、0.01 s^{-1}。另外，对硬段含量为 49%的聚氨酯在不同应变率下的单轴拉伸应力-应变实测曲线与四种本构模型拟合曲线的差值进行分析得到，四种本构模型最优拟合精度对应的应变范围为 0.6~1.2，最差拟合精度集中在应变大于 1.8 及应变为 0.15~0.45 时，与硬段含量为 38%的聚氨酯材料一致。

对比表 2-4 和表 2-5 可知，应变率分别为 0.01 s^{-1}、0.001 s^{-1} 及 0.0001 s^{-1} 时，对于 Mooney-Rivlin 模型、Yeoh 模型、三阶 Ogden 模型及 Arruda-Boyce 模型，硬段含量为 49%的聚氨酯本构模型的拟合精度在相同的应变率下比硬段含量为 38%的聚氨酯的拟合精度高。由表 2-2 可知，硬段含量为 49%的聚氨酯材料的拉伸弹性模量明显大于硬段含量为 38%的聚氨酯材料。通过对不同拉伸弹性模量的聚氨酯材料进行有限元计算，得出软柱塞的应变随着拉伸弹性模量的增大而减小，即硬段含量为 49%的聚氨酯材料的应变比硬段含量为 38%的聚氨酯材料的应变小，更适应软柱塞与泵筒非完全密封的情况。聚氨酯材料的硬段含量越高，分子内部的物理交联键数量越多，越能更好地使聚氨酯硬段产生聚集效应，可以提高聚氨酯材料的硬度、拉伸弹性模量、拉伸强度和定伸强度等力学性能，还可以使聚氨酯材料的耐磨性能得到有效提高和明显改善。抽油泵软柱塞在泵筒中做往复运动，为了延长检泵周期，要求软柱塞的耐磨性能优良，硬段含量为 49%的聚氨酯的性能更符合软柱塞的工况要求。因此，确定硬段含量为 49%的聚氨酯为软柱塞材料，下文提到的软柱塞所用的聚氨酯均指硬段含量为 49%的聚氨酯，下文的拟合曲线等均对该硬段含量的聚氨酯材料进行探讨和研究。

2.2.3.2　单轴压缩应力-应变状态

聚氨酯试件单轴压缩试验的最大应变一般取 0.25，大于聚氨酯软柱塞在泵筒中往复运动过程中的最大应变值，可满足实际应变范围的要求。因此，本节选取应变小于 0.25 的参数进行本构模型拟合。聚氨酯材料的单轴压缩试验分为压缩阶段和放松阶段。为了确定拟合精度高、表征能力强的本构模型及参数，分别针对这两个阶段，对聚氨酯材料在不同应变率下的单轴压缩应力-应变曲线进行拟合和分析，得到压缩阶段和放松阶段 Mooney-Rivlin 模型、Yeoh 模型、三阶 Ogden 模型、Arruda-Boyce 模型四种本构模型的应力-应变曲线与实测应力-应变曲线,如图 2-18、图 2-19 所示。

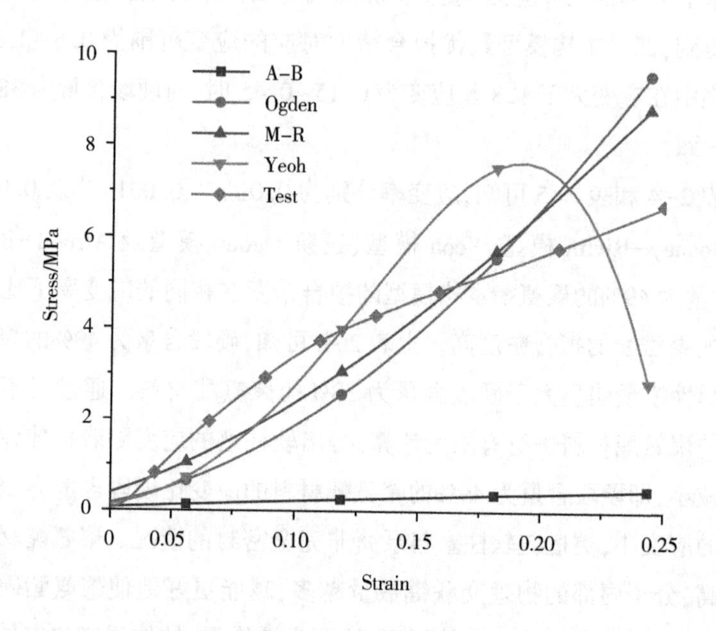

(a)应变率为 0.002 s^{-1}

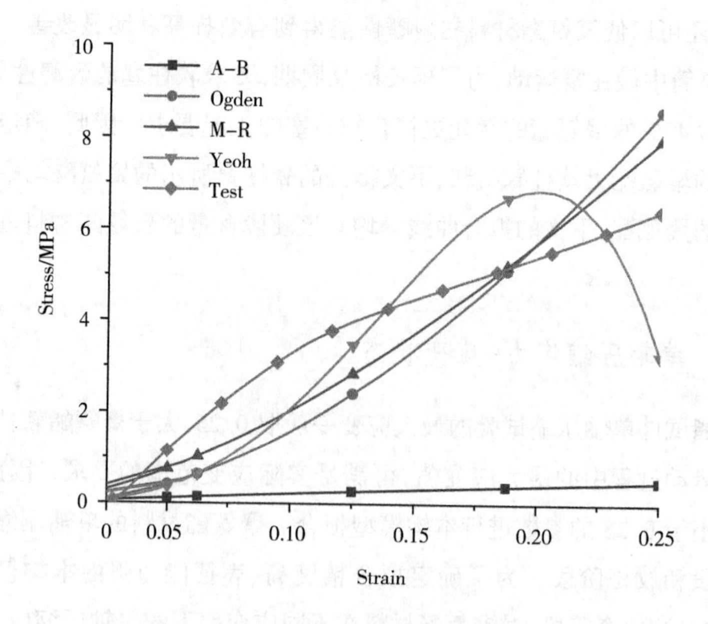

(b)应变率为 0.0002 s^{-1}

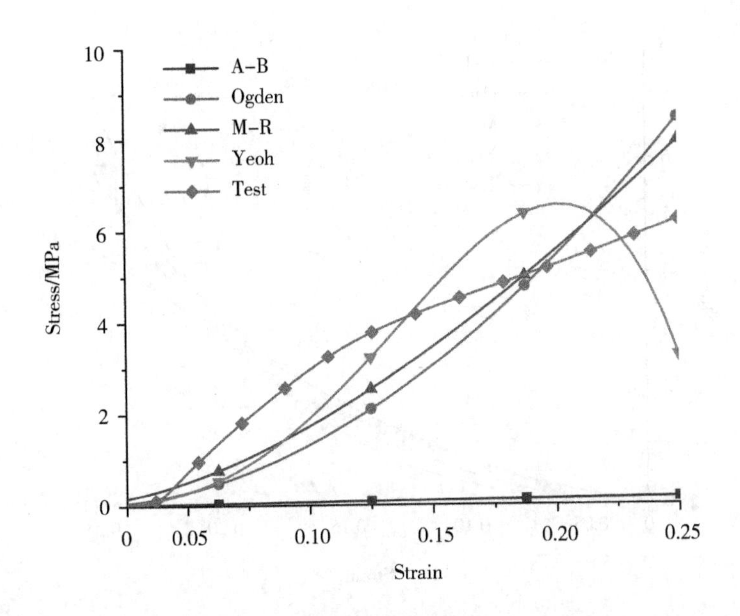

(c)应变率为 0.00002 s^{-1}

图 2-18　不同应变率下的聚氨酯单轴压缩实测与拟合应力-应变曲线(压缩阶段)

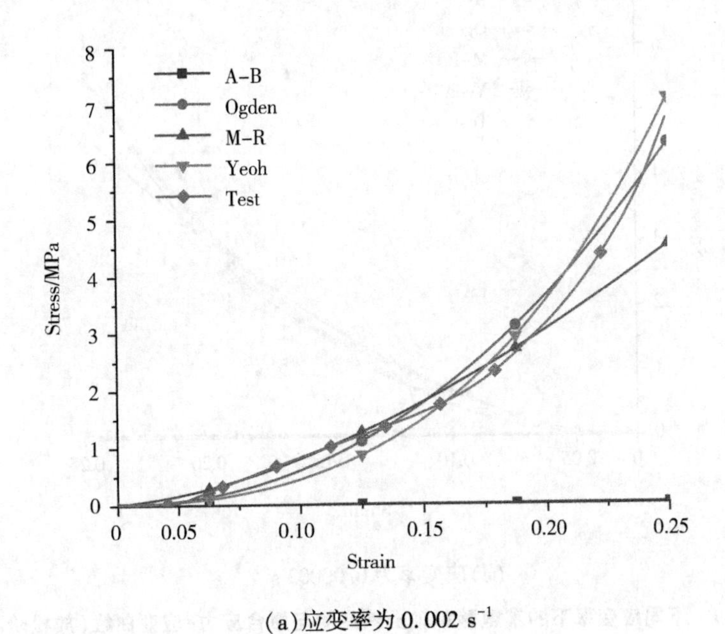

(a)应变率为 0.002 s^{-1}

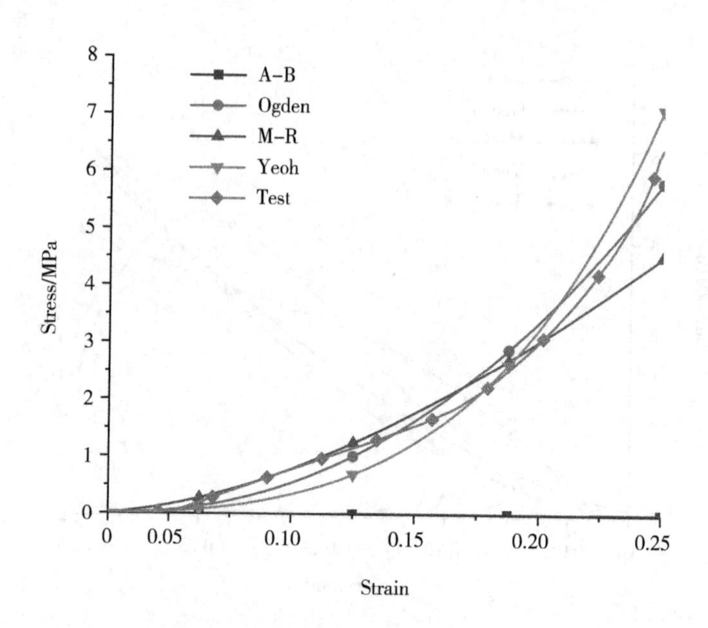

(b)应变率为 0.0002 s^{-1}

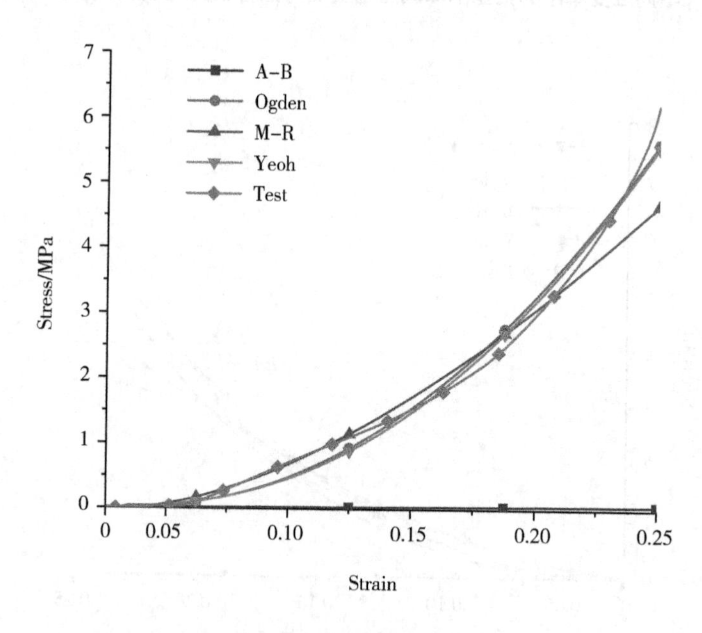

(c)应变率为 0.00002 s^{-1}

图 2-19 不同应变率下的聚氨酯单轴压缩实测与拟合应力-应变曲线(放松阶段)

由图 2-18、图 2-19 及表 2-6 可以得出：在压缩阶段，Mooney-Rivlin 模型的拟合效果最好，三阶 Ogden 模型的拟合效果良好，Yeoh 模型的拟合效果比 Arruda-Boyce 模型稍好些；在放松阶段，三阶 Ogden 模型的拟合效果较好，Mooney-Rivlin 模型、Yeoh 模型的拟合效果次之；Arruda-Boyce 模型的拟合效果不论是在压缩阶段还是在放松阶段都无优势；应变率为 0.00002 s^{-1} 时的拟合效果优于应变率为 0.0002 s^{-1}、0.002 s^{-1} 时的拟合效果，即相同本构模型的拟合精度随压缩应变率的减小而增大。

表 2-6　单轴压缩试验本构模型拟合精度

阶段	应变率	高→低
压缩阶段	0.002 s^{-1}	M-R—Ogden—Yeoh—A-B
	0.0002 s^{-1}	M-R—Ogden—Yeoh—A-B
	0.00002 s^{-1}	M-R—Yeoh—Ogden—A-B
放松阶段	0.002 s^{-1}	Ogden—M-R—Yeoh—A-B
	0.0002 s^{-1}	Ogden—M-R—Yeoh—A-B
	0.00002 s^{-1}	Ogden—Yeoh—M-R—A-B

为了比较直观地体现 Mooney-Rivlin 模型、Yeoh 模型、三阶 Ogden 模型及 Arruda-Boyce 模型四种本构模型拟合应力-应变曲线与实测应力-应变曲线的差距，分别对实测应力-应变曲线与拟合应力-应变曲线的差值进行量化，得到应变率为 0.002 s^{-1} 时的单轴压缩实测与拟合应力-应变差值曲线，如图 2-20 所示。由图 2-20 可知：Arruda-Boyce 模型的差值曲线偏离零值较远，表现出较差的拟合效果；压缩阶段应变小于 0.10 时，三阶 Ogden 模型、Mooney-Rivlin 模型及 Yeoh 模型的拟合效果差别不大；压缩阶段应变大于 0.10 时，三阶 Ogden 模型、Mooney-Rivlin 模型的拟合效果明显优于 Yeoh 模型；当单轴压缩应变小于 0.15 时，四种本构模型在两个阶段的拟合效果比在其他应力区间好些。

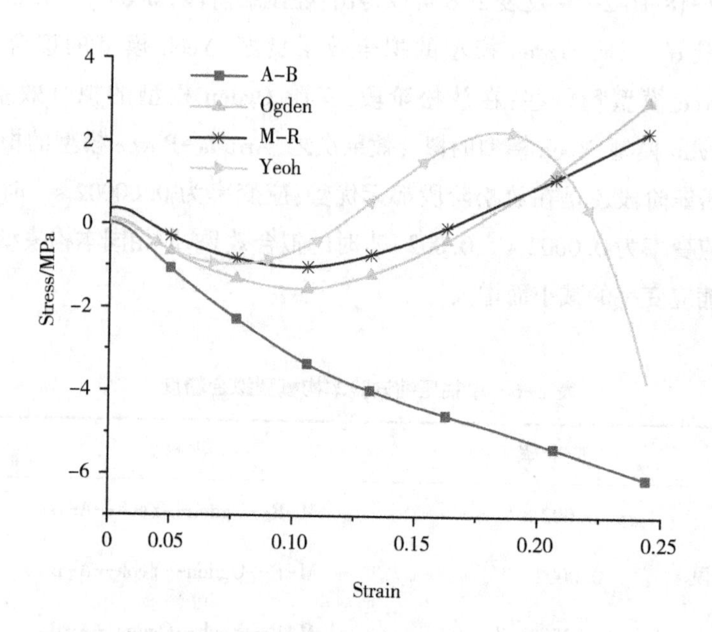

(a)压缩阶段

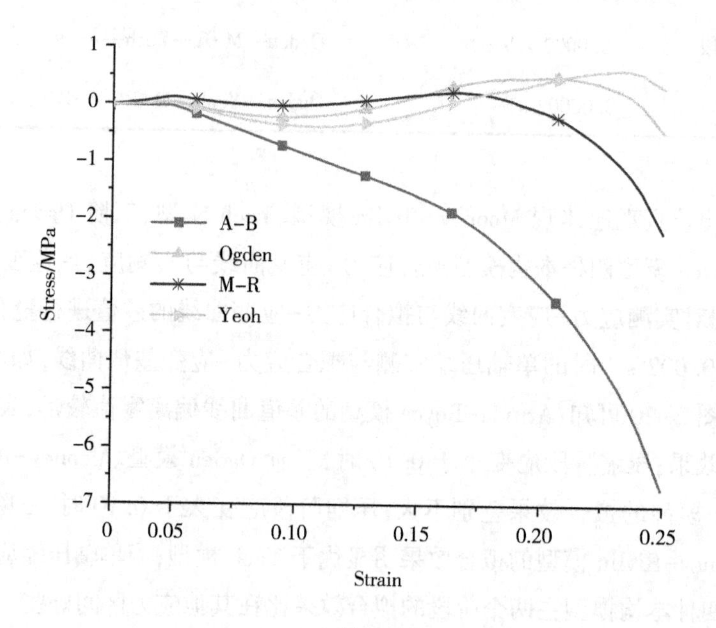

(b)放松阶段

图 2-20 0.002 s^{-1} 应变率下的单轴压缩实测与拟合应力-应变差值曲线

2.2.3.3　单轴压缩应力松弛应力-应变状态

根据聚氨酯在应变率为 0.002 s^{-1} 下的压缩应力松弛实测数据,得到压缩应力松弛实测应力-应变曲线与四种本构模型的拟合应力-应变曲线,如图 2-21 所示。

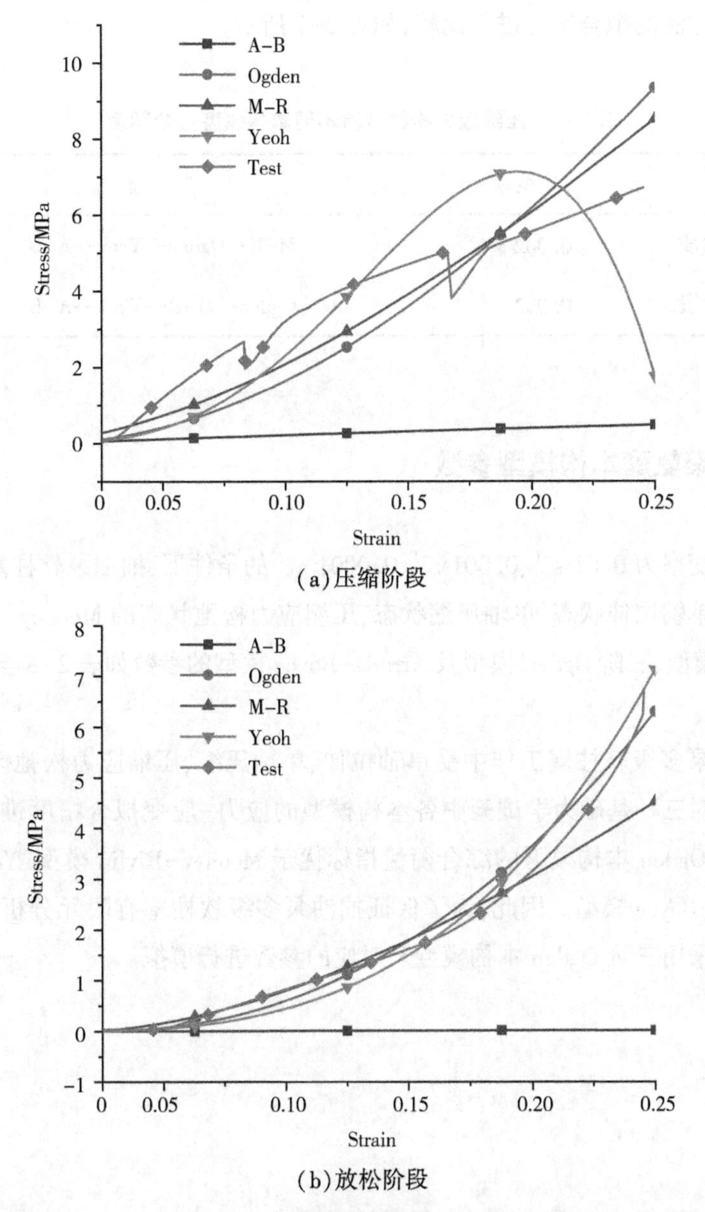

图 2-21　0.002 s^{-1} 应变率下的压缩应力松弛实测与拟合应力-应变曲线

由图 2-21 可知:在压缩阶段,Mooney-Rivlin 模型的拟合效果最好,三阶 Ogden 模型次之;在放松阶段,三阶 Ogden 模型的拟合效果最好,Arruda-Boyce 模型的拟合效果最差。

由图 2-21 可知,对于在应变率为 0.002 s^{-1} 下进行的聚氨酯压缩应力松弛试验,不论是在压缩阶段还是在放松阶段,四种本构模型的拟合效果均不同,对不同拟合方法的拟合精度进行比较,如表 2-7 所示。

表 2-7 压缩应力松弛试验不同本构模型拟合精度

阶段	应变率	高→低
压缩阶段	0.002 s^{-1}	M-R—Ogden—Yeoh—A-B
放松阶段	0.002 s^{-1}	Ogden—M-R—Yeoh—A-B

2.2.4 聚氨酯本构模型参数

在应变率为 0.01 s^{-1}、0.001 s^{-1}、0.0001 s^{-1} 的条件下,抽油泵软柱塞所用聚氨酯材料单轴拉伸状态、单轴压缩状态、压缩应力松弛状态的 Mooney-Rivlin 模型、Yeoh 模型、三阶 Ogden 模型及 Arruda-Boyce 模型的参数如表 2-8 至表 2-10 所示。

抽油泵多级软柱塞工作中受单轴拉伸、单轴压缩、压缩应力松弛等应力作用。通过对三种基础力学试验中各本构模型的应力-应变拟合精度进行比较,得到三阶 Ogden 本构模型的综合衡量指标优于 Mooney-Rivlin 模型、Yeoh 模型及 Arruda-Boyce 模型。因此,为了保证抽油泵多级软柱塞有限元分析的精度,在计算中采用三阶 Ogden 本构模型及对应的参数进行模拟。

表 2-8　不同应变率下聚氨酯单轴拉伸状态本构模型参数

本构模型	模型参数	应变率		
		0.01 s^{-1}	0.001 s^{-1}	0.0001 s^{-1}
M-R	C_{10}	28288438	28022538	29840298
	C_{01}	-19545345	-15052706	-16235586
Yeoh	C_{10}	21621472	23803068	24712036
	C_{20}	-113335.609	-181395.076	-137860.000
	C_{30}	3319.21136	4310.73000	3545.87500
Ogden	u_1	-143944906	-165130744	-209807254
	u_2	47474759	48136863	83074325
	u_3	246401032	292557042	313511131
	a_1	3.689	3.656	3.623
	a_2	3.985	3.982	3.848
	a_3	-6.701	-6.682	-6.625
A-B	μ_0	44393363	46557377	49541409
	λ_m	8.809	8.733	8.815

表 2-9 不同应变率下聚氨酯单轴压缩状态本构模型参数

本构模型	模型参数	应变率(压缩阶段)			应变率(放松阶段)		
		0.002 s^{-1}	0.0002 s^{-1}	0.00002 s^{-1}	0.002 s^{-1}	0.0002 s^{-1}	0.00002 s^{-1}
M-R	C_{10}	31248212.6	27136578.0	31022058.6	20100531.7	20244414.2	22757361.0
	C_{01}	-30022803.6	-25760478.5	-30643552.4	-20495698.8	-20673111.6	-23653463.0
Yeoh	C_{10}	187992.068	196617.685	12092.334	-10942.6927	-9349.4450	-71256.7354
	C_{20}	87922124.4	75434056.2	72521106.5	13964391.6	10039451.2	16921558.5
	C_{30}	-333727674	-278280018	-263971777	16272626.7	32512150.3	-10906092.5
Ogden	u_1	-47761769.0	42956111.9	-69378543.4	-326640506	-328678719	-269629467
	u_2	124990805	39263685	118668384	168769641	163999781	131023627
	u_3	-77298653	-82304600	-49718921	157993867	164808755	138794231
	a_1	0.352	2.116	1.051	-8.30424957	-7.47829919	-5.86911663
	a_2	2.387	2.515	2.714	-5.21280683	-4.42649628	-2.60149031
	a_3	0.594	-0.574	1.102	-12.0004711	-10.8924748	-9.48578643
A-B	μ_0	764889.569	793957.413	257772.521	23084.8547	20361.5218	90997.8080
	λ_m	6.999	6.998	6.997	6.99990818	6.99989452	6.99767183

表 2-10　不同应变率下聚氨酯压缩应力松弛状态本构模型参数

本构模型	模型参数	0.002 s^{-1} 应变率下	
		压缩阶段	放松阶段
M-R	C_{10}	30196081.3	20106958.4
	C_{01}	-29020294.7	-20502268.9
Yeoh	C_{10}	193263.8610	-10911.3102
	C_{20}	85764038.9	13943845.2
	C_{30}	-336097416.0	16625306.4
Ogden	u_1	35877300.6	-318991632.0
	u_2	93162415.6	167311968.0
	u_3	-129113044	151802284
	a_1	2.02814715	-8.09930497
	a_2	2.24686942	-5.02497636
	a_3	0.334387944	-11.895921800
A-B	μ_0	786476.8930	23084.7840
	λ_m	6.99894085	6.99990824

2.3　聚醚醚酮本构模型

以聚醚醚酮作为多级软柱塞材料可有效延长抽油泵的检泵周期。本节基于聚醚醚酮试件的单轴拉伸、单轴压缩试验建立应力-应变的非线性关系，研究聚醚醚酮材料的本构模型，为有限元分析计算及结构优化设计提供理论依据。

2.3.1　Johnson-Cook 模型

Johnson-Cook 模型用于预测材料的流动应力。流动应力由应变硬化、应变

率强化及热软化三项参数的乘积构成，表征 Johnson-Cook 模型的函数表达式为

$$\boldsymbol{\sigma} = [A + B(\varepsilon_e)^n]\left(1 + C\ln\frac{\varepsilon_0}{\varepsilon_r}\right)[1 - (T^*)^m] \tag{2-63}$$

式中，$\boldsymbol{\sigma}$——流动应力，MPa；

A——相应参考温度与参考应变率下的屈服应力，MPa；

B——应变硬化系数；

C——应变率的强化参数；

n——应变硬化指数；

m——热软化指数；

ε_e——等效应变；

ε_0——应变率；

ε_r——参考应变率；

T^*——同系温度，可以用参考温度和熔化度参数进行描述，内部函数关系式为

$$T^* = \frac{T_0 - T_r}{T_m - T_r} \tag{2-64}$$

式中，T_0——温度，℃；

T_r——参考温度，℃；

T_m——聚醚醚酮熔化温度，℃。

试验中取参考应变率为 $0.1\ s^{-1}$、$0.01\ s^{-1}$、$0.001\ s^{-1}$，对应的应力等参数用数字 1、2、3 下标区分，即

$$\boldsymbol{\sigma}_1 = [A_1 + B_1(\varepsilon_e)^n]\left(1 + C_1\ln\frac{\varepsilon_0}{10^{-1}}\right)[1 - (T^*)^m]$$

$$\boldsymbol{\sigma}_2 = [A_2 + B_2(\varepsilon_e)^n]\left(1 + C_2\ln\frac{\varepsilon_0}{10^{-2}}\right)[1 - (T^*)^m]$$

$$\boldsymbol{\sigma}_3 = [A_3 + B_3(\varepsilon_e)^n]\left(1 + C_3\ln\frac{\varepsilon_0}{10^{-3}}\right)[1 - (T^*)^m]$$

进行相应运算，分别化为

$$\boldsymbol{\sigma}_1 = (1 + 2.3C_1)[A_1 + B_1(\varepsilon_e)^n]\left(1 + \frac{C_1}{1 + 2.3C_1}\ln\varepsilon_0\right)[1 - (T^*)^m]$$

$$\boldsymbol{\sigma}_2 = (1 + 4.6C_2)\ [\boldsymbol{A}_2 + B_2(\varepsilon_e)^n]\left(1 + \frac{C_2}{1 + 4.6C_2}\ln\varepsilon_0\right)[1 - (T^*)^m]$$

$$\boldsymbol{\sigma}_3 = (1 + 6.9C_3)\ [\boldsymbol{A}_3 + B_3(\varepsilon_e)^n]\left(1 + \frac{C_3}{1 + 6.9C_3}\ln\varepsilon_0\right)[1 - (T^*)^m]$$

进行相应运算可得

$$(1 + 2.3C_1)\boldsymbol{A}_1 = (1 + 4.6C_2)\boldsymbol{A}_2 = (1 + 6.9C_3)\boldsymbol{A}_3$$

$$(1 + 2.3C_1)B_1 = (1 + 4.6C_2)B_2 = (1 + 6.9C_3)B_3$$

$$\frac{C_1}{1 + 2.3C_1} = \frac{C_2}{1 + 4.6C_2} = \frac{C_3}{1 + 6.9C_3}$$

由此可知,不同的参考应变率对应不同的 $\boldsymbol{A}$、B、C 参数值。在参考温度及应变率相同时,式(2-63)可以简化为

$$\boldsymbol{\sigma} = \boldsymbol{A} + B\varepsilon_e^n \tag{2-65}$$

式中 $\boldsymbol{A}$ 可从曲线上直接得到, $B\varepsilon_e^n$ 用以描述曲线的强化阶段。

式(2-65)两边取自然对数可得

$$\ln(\boldsymbol{\sigma} - \boldsymbol{A}) = \ln B + n\ln\varepsilon_e \tag{2-66}$$

式(2-66)可视为描述的是截距为 $\ln B$ 、斜率为 n 的直线。

应变硬化指数 n 的计算公式为

$$n = \frac{\mathrm{d}(\ln\boldsymbol{\sigma})}{\mathrm{d}(\ln\varepsilon_e)} = \frac{\Delta(\ln\boldsymbol{\sigma})}{\Delta(\ln\varepsilon_e)} \tag{2-67}$$

对于单轴拉伸和单轴压缩不同应力状态下的表征关系式按平均关系描述,即

$$\left.\begin{aligned} \boldsymbol{A} &= (\boldsymbol{A}_t + \boldsymbol{A}_p)/2 \\ B &= (B_t + B_p)/2 \end{aligned}\right\} \tag{2-68}$$

式中, $\boldsymbol{A}_t$ ——单轴拉伸曲线的屈服应力;

$\boldsymbol{A}_p$ ——单轴压缩曲线的屈服应力;

B_t——单轴拉伸试验的应变硬化系数;

B_p——单轴压缩试验的应变硬化系数。

同理,应变硬化指数 $n = (n_t + n_p)/2$。

工作中的参考温度为室温 296 K,若参考应变率为 $\varepsilon_r = 0.01\ \mathrm{s}^{-1}$,则 $\boldsymbol{A}$ 的数值是在 296 K 和 0.01 s^{-1} 处流动曲线的屈服应力,通过计算得到 $\boldsymbol{A}$=71 MPa,替

换式(2-65)中 A 的值,以不同应变下流动曲线的应力数据为对象,将数据点绘制在 $\ln(\boldsymbol{\sigma}-\boldsymbol{A})$ 与 $\ln\varepsilon_e$ 曲线对数坐标上,以截距计算 B,以斜率计算 n,得到 $B=15$ MPa、$n=5.11$。

由恒定应变、不同应变率的 $\dfrac{\boldsymbol{\sigma}}{71+15(\varepsilon_e)^{5.11}}$ 对 $\ln\dfrac{\varepsilon_0}{0.01}$ 图中的斜率和截距得到 $C=0.015$。本书不考虑温度的影响,因此式(2-63)也可以简化为

$$\boldsymbol{\sigma}=[71+15(\varepsilon_e)^{5.11}]\left(1+0.015\ln\frac{\varepsilon_0}{\varepsilon_r}\right) \tag{2-69}$$

2.3.2 修正 Johnson-Cook 模型

通常,温度的变化会直接影响聚醚醚酮材料球晶生长的结晶时间,根据以往研究人员得到的应变-应力曲线可知,温度对聚醚醚酮的热变形行为影响很大,但对其断口形貌的影响有限。为了更好地考虑温度对流动行为的影响,本节引入修正的温度项,得到修正 Johnson-Cook 模型,即

$$\boldsymbol{\sigma}=[A+B(\varepsilon_e)^n]\left(1+C\ln\frac{\varepsilon_0}{\varepsilon_r}\right)\left(1-\delta\frac{e^{T_0/T_m}-e^{T_r/T_m}}{e-e^{T_r/T_m}}\right) \tag{2-70}$$

式中,$\boldsymbol{\sigma}$ ——流动应力,MPa;

$\boldsymbol{A}$——参考温度与参考应变率下的屈服应力,MPa;

B——应变硬化系数;

C——应变率的强化参数;

n——应变硬化指数;

ε_e ——等效应变;

ε_0——应变率;

ε_r ——参考应变率;

T_0——温度,℃;

T_r ——参考温度,℃;

T_m ——聚醚醚酮熔化温度,℃;

δ ——温度系数。

经过整理,可得

$$1-\frac{\boldsymbol{\sigma}}{[A+B(\varepsilon_{e})^{n}]\left(1+C\ln\dfrac{\varepsilon_{0}}{\varepsilon_{r}}\right)}=\delta\frac{e^{T_{0}/T_{m}}-e^{T_{r}/T_{m}}}{e-e^{T_{r}/T_{m}}}\tag{2-71}$$

可由 $1-\dfrac{\boldsymbol{\sigma}}{[A+B(\varepsilon_{e})^{n}]\left(1+C\ln\dfrac{\varepsilon_{0}}{\varepsilon_{r}}\right)}$ 对 $\dfrac{e^{T_{0}/T_{m}}-e^{T_{r}/T_{m}}}{e-e^{T_{r}/T_{m}}}$ 曲线的斜率得到 δ，从而确定修正 Johnson-Cook 模型。

实际上,Johnson-Cook 模型与修正 Johnson-Cook 模型仅能反映出应变、应变速率、温度三个因素相互独立的影响作用,各因素的累积效应不能得到有效反映。为了克服上述的不足之处,Lin 等人建立了改进的修正 Johnson-Cook 模型,即

$$\boldsymbol{\sigma}=[A+B(\varepsilon_{e})^{n}]\left(1+C\ln\frac{\varepsilon_{0}}{\varepsilon_{r}}\right)\exp\left[\left(\lambda_{1}+\lambda_{2}\ln\frac{\varepsilon_{0}}{\varepsilon_{r}}\right)\left(\frac{T_{0}-T_{r}}{T_{m}-T_{r}}\right)\right]\tag{2-72}$$

式中,$\boldsymbol{\sigma}$ ——流动应力,MPa;

A——参考温度与参考应变率下的屈服应力,MPa;

B——应变硬化系数;

C——应变率的强化参数;

n——应变硬化指数;

ε_{e} ——等效应变;

ε_{0}——应变率;

ε_{r} ——参考应变率;

λ_{1}、λ_{2}——修正参数;

T_{0}——温度,℃;

T_{r} ——参考温度,℃;

T_{m} ——聚醚醚酮熔化温度,℃。

由上节可知,A、B、n 和 C 分别为 71 MPa、15 MPa、5.11、0.015。通过引入一个新的参数 λ ($\lambda=\lambda_{1}+\lambda_{2}\ln\dfrac{\varepsilon_{0}}{0.01}$),式(2-72)被简化为

$$\frac{\sigma}{[71+15(\varepsilon_e)^{5.11}]\left(1+0.015\ln\frac{\varepsilon_0}{0.01}\right)}=\exp\left[\lambda\left(\frac{T_0-T_r}{320}\right)\right]$$

对两边取对数可得

$$\ln\left\{\frac{\sigma}{[71+15(\varepsilon_e)^{5.11}]\left(1+0.015\ln\frac{\varepsilon_0}{0.01}\right)}\right\}=\lambda\left(\frac{T_0-T_r}{320}\right) \tag{2-73}$$

根据 $\ln\left\{\frac{\sigma}{[71+15(\varepsilon_e)^{5.11}]\left(1+0.015\ln\frac{\varepsilon_0}{0.01}\right)}\right\}$ 对 $\frac{T_0-T_r}{320}$ 曲线的斜率，可计算整个变形温度、应变速率和应变范围内的三个 λ 值。由于 λ 是应变率的相关函数，因此根据 λ 对 $\ln\frac{\varepsilon_0}{0.01}$ 曲线的截距、斜率分别计算 λ_1、λ_2，从而确定改进的修正 Johnson-Cook 模型。

引入温度修正项的修正 Johnson-Cook 模型和改进的修正 Johnson-Cook 模型的主要优点是其曲线流动的预测范围比 Johnson-Cook 模型更加宽广。Chen 根据平均绝对相对误差和相关系数等统计参数对三种本构模型的预测能力进行量化比较，得出 Johnson-Cook 模型、修正 Johnson-Cook 模型和改进的修正 Johnson-Cook 模型的相关系数分别是 0.98、0.95、0.88，即三种本构模型中 Johnson-Cook 模型的拟合精度最高。结合抽油泵多级软柱塞对环境的适应性，确定 Johnson-Cook 模型为聚醚醚酮材料的本构模型。

2.4 本章小结

①本章通过分析多级软柱塞抽油泵的工作原理，提出了对软柱塞材料的性能要求；采用对比法分析了聚氨酯、聚醚醚酮、丁腈橡胶三种高分子材料，为设计适用抽油泵工况、耐磨性能优良、检泵周期长的多级软柱塞提供了理论依据。

②本章提出建立正确的本构模型是研究抽油泵多级软柱塞力学特性和流固耦合有限元计算的基础。本章对聚氨酯试件进行了单轴拉伸、单轴压缩和压缩应力松弛试验，得到不同试验条件下的应力-应变曲线；将试验数据分别以应用范围广、表征能力优异的 Mooney-Rivlin 模型、Yeoh 模型、三阶 Ogden 模型和

Arruda - Boyce 模型进行拟合，对比分析不同模型的拟合精度，确定三阶 Ogden 模型为最优本构模型，并确定了模型参数。

③本章通过基础力学试验研究，分析了聚醚醚酮材料的拉伸、压缩变形行为，讨论了应变速率对其性能的影响，提出了三种描述聚醚醚酮流动特性的 Johnson-Cook 本构模型，确定 Johnson-Cook 模型为适合软柱塞工况的聚醚醚酮本构模型，它在整个温度及应变速率范围内的预测精度最好。

第3章　软柱塞材料的磨损机理与试验研究

抽油泵的采油效率和使用寿命取决于一系列因素,其中最主要的影响因素是软柱塞-泵筒副的耐磨特性。本章采用试验研究的方法,根据软柱塞的材料特性和工况环境进行软柱塞-泵筒副的摩擦磨损试验研究。本章采用对比分析法确定多级软柱塞的材料,进一步分析磨损的主要影响因素,探讨多级软柱塞抽油泵的磨损形式及磨损机理,力求为提高多级软柱塞抽油泵的使用寿命提供理论依据。同时,本章优选抽油泵软柱塞的材料,为多级软柱塞的设计及参数优化奠定基础。

3.1　软柱塞材料摩擦磨损试验参数的确定

抽油泵的软柱塞-泵筒副与其所处的工作环境构成一个摩擦学系统,软柱塞与泵筒材料的力学性能、表面形态、滑动速度、施加载荷及工作条件等因素决定了各自的磨损量,二者的摩擦量和上述因素共同构成摩擦学系统磨损总量的决定性因素。为了研究不同软柱塞材料的摩擦磨损特性,本章拟采取有限元分析方法研究抽油泵软柱塞,得到软柱塞-泵筒副的滑动速度和接触压力,根据这些运动参数和力学参数,综合考虑温度和工作介质等环境因素的影响,针对聚氨酯、聚醚醚酮、丁腈橡胶三种不同高分子材料,在端面摩擦磨损试验机上以不同的法向载荷及滑动速度进行软柱塞-泵筒副的模拟摩擦磨损试验。本章通过试验确定软柱塞材料的摩擦系数及磨损量的变化规律,运用扫描电镜观察不同软柱塞材料的磨损表面,分析磨损的主要影响因素,探讨多级软柱塞抽油泵的磨损形式及磨损机理。

3.1.1 软柱塞材料性能检测

聚氨酯材料软段和硬段的比例决定其特性,尽管是两种物理性能相似的聚氨酯材料,也会因其软段和硬段的配比不同而在性能方面相差甚远,这种特性在丁腈橡胶材料中也有显著表现。因此,有必要对三种软柱塞材料进行常规机械性能检测,这对确定适合作为抽油泵软柱塞的材料及进行试件的摩擦磨损试验有重要意义。软柱塞的主要机械性能如表 3-1 所示。

表 3-1 软柱塞的主要机械性能

机械性能	聚氨酯	聚醚醚酮	丁腈橡胶
邵氏硬度/度	92	90D	69
扯断强度/MPa	47.20	1200.00	22.66
扯断伸长率/%	420.0	—	576.8
300%定伸强度/MPa	22.40	—	10.91
撕裂强度/(kN · m^{-1})	80.0	—	61.2
弹性模量/MPa	40.0	1200.0	7.8
拉伸强度/MPa	28	85	20

抽油泵在井下循环往复运行时,油液充满于软柱塞与泵筒之间的环形间隙空间,在压差作用下软柱塞处于周期性局部拉伸、压缩及压缩应力松弛状态,这种工况对软柱塞材料的机械性能提出一定的要求,同时也对材料的回弹性有一定的要求。初始安装时抽油泵的软柱塞轴心与泵筒轴心重合,随着运行时间的累积,会出现两者偏离的现象,致使软柱塞与泵筒产生接触性磨损,势必影响抽油泵的泵效和使用寿命。因此,对于长期受周期性载荷的软柱塞材料而言,仅仅提出常规的机械性能要求是不够的,必须对其力学参数和运动参数进行考量,进而开展对软柱塞-泵筒副摩擦磨损性能的研究工作。

3.1.2 软柱塞与泵筒摩擦力分析

依据柱塞与泵筒之间不同的接触形式，软柱塞与泵筒的密封形式分为接触式密封、非接触式密封两种。间隙密封是非接触式密封形式之一。流体在通过微小的环形间隙时产生节流效应，从而阻止泄漏达到密封的目的。与接触式密封不同，间隙密封中两对偶面在密封区域的轮廓峰相互不接触，密封面被流体膜完全地隔开，摩擦状态以流体润滑状态存在，这种密封形式可以大大地减小摩擦力，达到自润滑的目的。

软柱塞与泵筒之间间隙流体各层的速度不同，在两个相邻的流体层中，速度快的流体层对速度较慢的流体层产生向前的推动力，速度慢的流体层阻碍速度快的流体层前进，产生的流体内摩擦力与推动力大小相等、方向相反，这是流动过程中阻力产生的来源。软柱塞与泵筒之间的流体是牛顿流体，基于流体力学基本知识，根据牛顿内摩擦定律和相对运动情况下应力及速度分布，$x = h_0$ 处（即环形间隙软柱塞外侧处）的剪应力可由式（3-1）计算而得

$$\boldsymbol{\tau} = \frac{\Delta \boldsymbol{p} h_0}{2l} + \frac{\mu \boldsymbol{v}}{h_0} \tag{3-1}$$

式中，$\boldsymbol{v}$ ——软柱塞滑动速度，m/s；

μ ——流体的动力黏度，Pa · s；

$\Delta \boldsymbol{p}$ ——软柱塞两端的压差，Pa；

l ——软柱塞的长度，m；

h_0——软柱塞-泵筒副初始间隙，m。

在上冲程中，软柱塞运动方向与流体方向相反，而压差 $\Delta \boldsymbol{p}$ 方向与流体方向相同。在软柱塞与泵筒所形成的圆环筒的间隙中，介质油膜受到剪切力作用引起相对摩擦作用，因此软柱塞运行过程中的轴向摩擦力就是介质对软柱塞的轴向黏性力。在软柱塞外表面产生的摩擦力可由表面接触的流体层中的剪应力沿整个润滑范围积分求得，即

$$F_{外} = \tau S = -\iint\mu\left(\frac{-h_0}{2\mu l}\Delta p - \frac{v}{h_0}\right)\mathrm{d}x\mathrm{d}y = \left(\frac{\Delta p h_0}{2l} + \frac{\mu v}{h_0}\right)S = \frac{\pi d\Delta p h_0}{2} + \frac{\pi d l\mu v}{h_0} \tag{3-2}$$

式中，S——软柱塞的表面积，m^2；

d——软柱塞的直径，m。

软柱塞-泵筒副的间隙是影响软柱塞摩擦力大小的因素之一，它与软柱塞的使用寿命及抽油泵的工作效率相关。由于软柱塞在制造加工和安装过程中必然存在一定的误差，故安装后软柱塞轴心与泵筒轴心不可能完全重合，间隙大小也不完全一致，会存在一定的偏心问题。将偏心率 e_0 引入摩擦力的计算公式中，得出偏心软柱塞受到的摩擦力

$$F_{偏心} = \left(\frac{\Delta p h_0}{2l} + \frac{\mu v}{h_0\sqrt{1 - {e_0}^2}}\right)\pi d l = \frac{\pi d\Delta p h_0}{2} + \frac{\pi d l\mu v}{h_0\sqrt{1 - {e_0}^2}} \tag{3-3}$$

式中，e_0——软柱塞的偏心率。

$$e_0 = \frac{e}{h_0} \tag{3-4}$$

式中，e——偏心距，m；

h_0——软柱塞-泵筒副初始间隙，m。

当 $e_0 = 0$ 时，软柱塞与泵筒轴心完全重合，式(3-3)与式(3-2)一致；当 $e_0 = 1$ 时，由式(3-3)可得 $F_{偏心}$ 趋于无穷大，抽油泵软柱塞将停止运行，但在实际工况中，由于悬点载荷增大，因此软柱塞以较大的摩擦力继续运行。由于软柱塞-泵筒副的间隙较小，所以两者偏心时必然会发生接触性摩擦磨损现象。

3.1.3 软柱塞与泵筒接触应力计算

接触应力是影响软柱塞-泵筒摩擦副磨损量的重要因素之一，确定接触应力的大小是进行软柱塞抽油泵摩擦磨损试验的关键所在。本节基于 ANSYS 有限元分析软件，拟采用理论分析方法求得接触应力。

计算模型中泵筒内径为 30 mm，软柱塞长度为 50 mm、厚度为 3 mm。以图 2-3 中聚氨酯软柱塞、聚醚醚酮软柱塞、丁腈橡胶软柱塞的最小变形量作为软柱塞-泵筒间隙，从而保证变形的软柱塞与泵筒形成完整接触区域。软柱塞-泵

筒副为轴对称模型,为了计算方便,采用四分之一模型。

在网格划分中选择力学分析,其中最小划分网格尺寸为 0.69 mm,共可以划分网格 102170 个,如图 3-1(a)所示。以第一级软柱塞为例进行计算,设入口压力为 6 MPa,由于油液进入第一级结构的腔室中沿径向均匀作用在软柱塞上,故在软柱塞的计算模型中对圆筒内表面施加 6 MPa 的压力,如图 3-1(b)所示。同时,对柱塞上、下表面及泵筒外壁施加全约束,如图 3-1(c)所示。

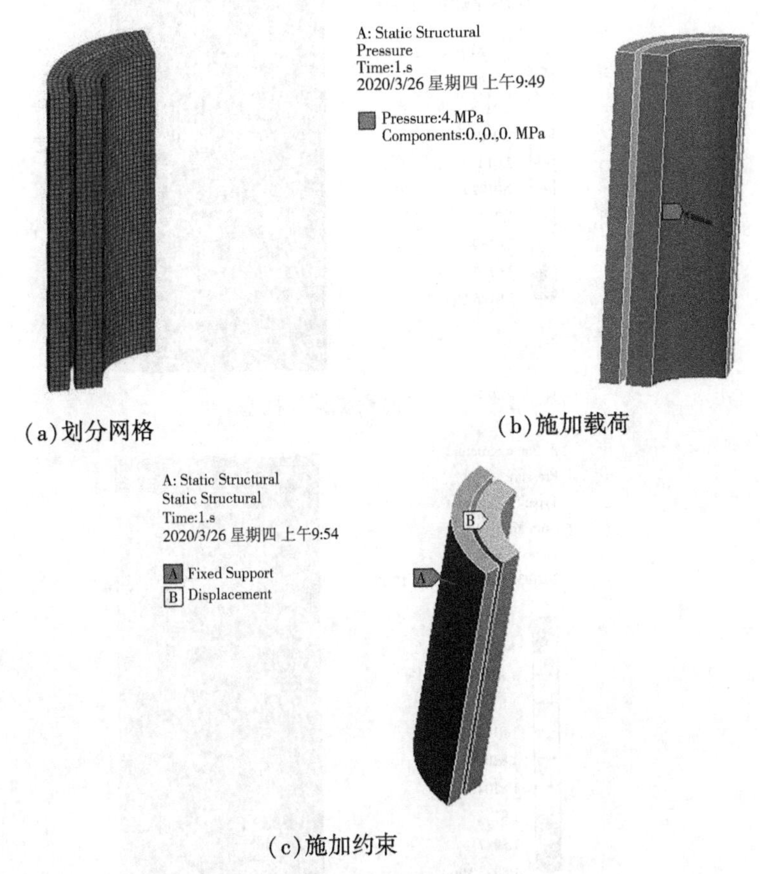

(a)划分网格　(b)施加载荷

(c)施加约束

图 3-1　第一级软柱塞的有限元计算

如图 3-2 所示,分别以聚氨酯、聚醚醚酮、丁腈橡胶材料为抽油泵软柱塞进行静力学计算。结果表明:以聚氨酯作为软柱塞材料时,软柱塞与泵筒接触表面的最大接触应力为 2.0198 MPa;以聚醚醚酮作为软柱塞材料时,软柱塞与泵筒接触表面的最大接触应力为 1.8127 MPa,以丁腈橡胶作为软柱塞材料时,软柱塞与泵筒接触表面的最大接触应力为2.5797 MPa;不同材料软柱塞的最大接触应力均位于软柱塞与泵筒的接触表面,且加载初始阶段接触应力呈现微小、缓慢增加趋势,之后随着时间的累积接触应力近似线性变化。

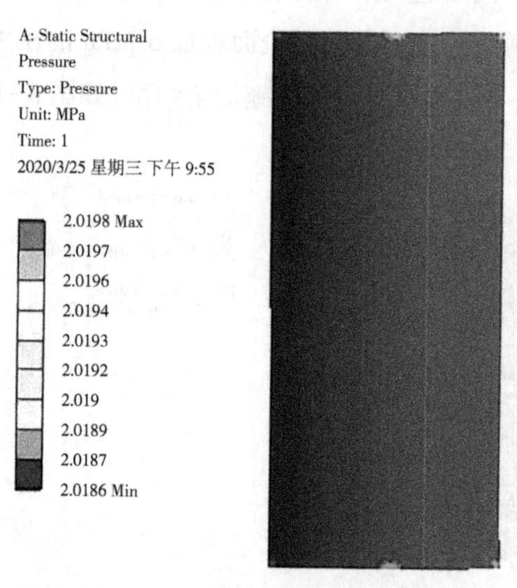

(a)聚氨酯软柱塞

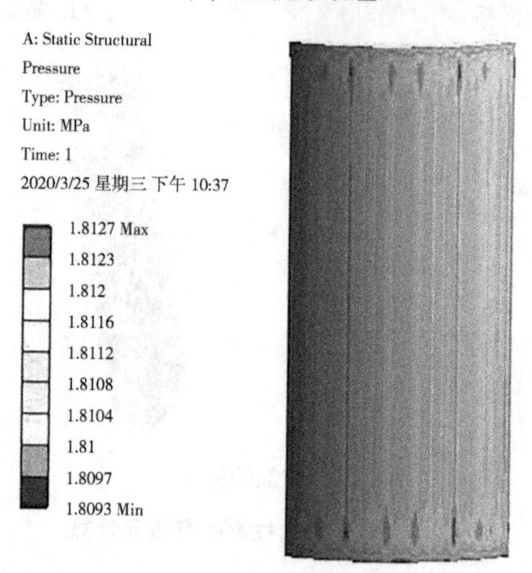

(b)聚醚醚酮软柱塞

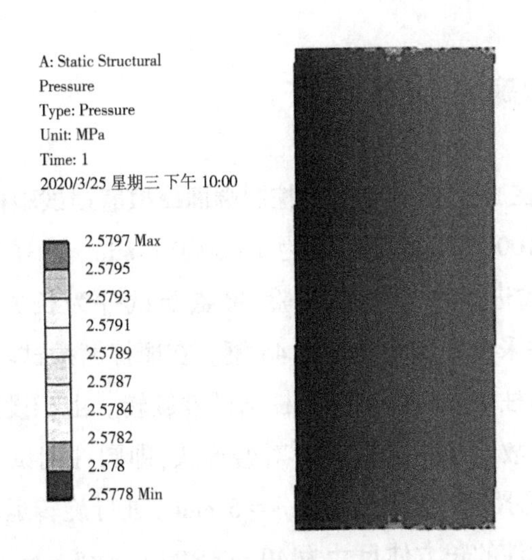

(c)丁腈橡胶软柱塞

图 3-2　聚氨酯、聚醚醚酮、丁腈橡胶软柱塞的应力图

由于抽油泵的多级软柱塞以分级承压形式进行工作,故前一级的入口压力值高于后一级的入口压力值,接触应力数值呈现递减规律,最大接触应力主要集中在第一级软柱塞上,多级软柱塞抽油泵第一级软柱塞的静力学分析计算数值(最大接触应力、最大应变、等效应力)如表 3-2 所示。对比聚氨酯、聚醚醚酮、丁腈橡胶三种材料制成的第一级软柱塞的接触应力,聚醚醚酮材料的最大接触应力最小,为 1.8127 MPa,大于密封压力 1 MPa,与“接触应力不小于密封压力”的理论相吻合。

表 3-2　第一级软柱塞的最大接触应力、最大应变及等效应力

软柱塞材料	最大接触应力/MPa	最大应变	等效应力/MPa
聚氨酯	2.0198	0.175	3.563~6.994
聚醚醚酮	1.8127	0.002	4.387~8.175
丁腈橡胶	2.5797	0.247	2.456~4.936

3.1.4 试验参数确定

摩擦磨损试验在 MMU-10 型微机控制端面摩擦磨损试验机上进行,该设备的测量范围为 10~10000 N,摩擦频率为 1~3000 r/min。为了模拟抽油泵的工况,采用水介质形式进行摩擦磨损试验,聚氨酯试件为长方体,对磨直径为 5 mm 的圆柱销试件采用经剖光处理的 45 钢。在摩擦磨损试验过程中,软柱塞试件不动,对磨件圆柱销试件相对于软柱塞试件旋转。由于设定的偏置载荷产生的振动影响不大,故试验中采用偏心对磨形式,即圆柱销试件轴心相对于主轴中心以一定的偏心距离(这里偏心距 $e=5$ mm)进行旋转运动。受试验机空间的限制,软柱塞试件的长方体尺寸为 40 mm×20 mm×5 mm。另外,本节设计了专用夹具装卡介质中的长方体软柱塞试件,满足试验要求。

3.1.4.1 主轴转速的确定

抽油泵软柱塞、泵筒的磨损不仅取决于两者材料的固有特性和动态特性,还在一定程度上依赖于某些运动参数和力学参数。软柱塞-泵筒副的相对运行速度,即滑动速度公式为

$$\boldsymbol{v}=\frac{2sn_f}{60} \tag{3-5}$$

式中,s——冲程,m;

n_f——冲速,次/min。

将运行参数冲程 $s=3$ m、冲速 $n_f=4$ 次/min 代入式(3-5),可得软柱塞相对于泵筒的滑动速度 $\boldsymbol{v}=0.4$ m/s,并结合多级软柱塞抽油泵的实际工况条件,确定软柱塞与泵筒的滑动速度等试验参数,如表 3-3 所示。根据相关关系式将滑动速度换算成主轴转速,这些主轴转速均可在试验设备中通过变频调速实现,滑动速度与主轴转速的关系式为

$$\boldsymbol{v}=\omega r_0=\frac{n_r\times 2\pi(r_0+e)\times 10^{-3}}{60} \tag{3-6}$$

式中,$\boldsymbol{v}$——滑动速度,m/s;

ω——角速度,(°)/s;

e——圆柱销的偏心距,m;

n_r ——主轴转速,r/min;

r_0 ——圆柱销的截面半径,m。

表 3-3　摩擦磨损试验参数值

滑动速度/($m \cdot s^{-1}$)	0.1	0.2	0.3	0.4	0.5
主轴转速/($r \cdot min^{-1}$)	127	255	382	510	637

3.1.4.2　载荷及环境参数的确定

由软柱塞最大接触应力变化范围(见表 3-2)可知,在各种条件下,软柱塞与泵筒间的最大接触应力值主要集中在 1.8~2.6 MPa。软柱塞试件与圆柱销试件的接触面积为 19.625×10^{-6} m^2,将接触压力换算成在摩擦磨损试验机上对应的施加载荷,如表 3-4 所示。

表 3-4　摩擦磨损试验载荷参数值

接触压力/MPa	0.6	1.2	1.8	2.4	3.0
载荷/N	12	24	36	48	60

现场资料显示,目前大庆油田开采出的原油含水量较高,因此摩擦磨损试验选用水介质。水介质同时起到冷却作用。该试验在 25 ℃的室温中进行。

3.2　软柱塞材料的摩擦磨损试验结果及分析

3.2.1　聚氨酯试件的试验结果及分析

3.2.1.1　摩擦系数

利用设备将软柱塞材料切割成 41 mm×21 mm×6 mm 的试块,使用 800 目的砂纸打磨到40 mm×20 mm×5 mm的尺寸，再用抛磨机抛光1 min，保证试件粗糙度都在1.2 μm左右。软柱塞试件与圆销试件进行摩擦磨损试验时，端面摩擦磨损试验机的力传感器将采集的摩擦力$\boldsymbol{f}$信号传输给计算机自动计算处理得到摩擦系数，其摩擦转矩的表达式为

$$G = \boldsymbol{f} \times r_c = \frac{\mu_f \boldsymbol{P} d_c}{2} \tag{3-7}$$

式中，$\boldsymbol{P}$——法向力，N；

μ_f——摩擦系数；

d_c——计算直径，m。

由式(3-7)整理得到摩擦系数μ_f的表达式为

$$\mu_f = \frac{G}{0.0184 \times \boldsymbol{P}} \tag{3-8}$$

在端面摩擦磨损试验机上，根据软柱塞与泵筒运行过程中的相关计算数值(表3-3中的主轴转速和表3-4中的载荷)进行摩擦磨损试验，计算机会记录趋于稳定的摩擦转矩G，根据式(3-8)计算出摩擦系数μ_f。

在水介质环境中进行软柱塞的摩擦磨损试验并分析处理试验数据，可以得到不同载荷和滑动速度条件下的摩擦系数，如表3-5所示。表3-5中数据显示，当滑动速度一定时，随着载荷的增大，摩擦系数呈现规律性变化，将每组数据拟合成曲线，如图3-3所示。同理，为了表征摩擦系数与滑动速度之间的关系，将载荷视为固定值，绘制摩擦系数随滑动速度变化的曲线，如图3-4所示。

表3-5 聚氨酯试件在水介质中的摩擦系数

滑动速度/($\mathrm{m \cdot s^{-1}}$)	法向载荷/N				
	12	24	36	48	60
	摩擦系数				
0.1	0.208	0.315	0.285	0.267	0.210
0.2	0.202	0.165	0.176	0.161	0.193
0.3	0.217	0.171	0.212	0.214	0.204

续表

滑动速度/（m·s⁻¹）	法向载荷/N				
	12	24	36	48	60
	摩擦系数				
0.4	0.263	0.185	0.232	0.205	0.198
0.5	0.269	0.152	0.178	0.174	0.167

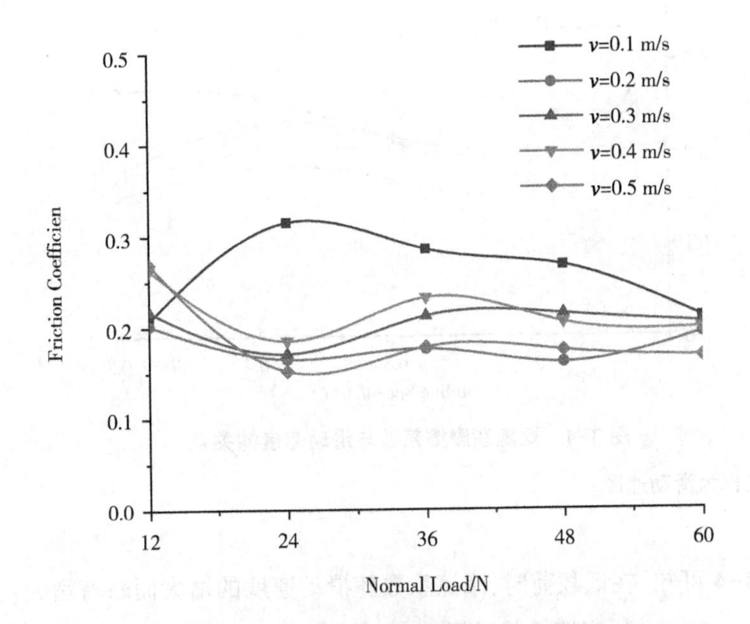

图 3-3　聚氨酯摩擦系数与法向载荷的关系

注：横坐标为法向载荷；纵坐标为摩擦系数。

由图 3-3 可知，滑动速度为 0.2~0.5 m/s 时，当滑动速度一定时，加载初期摩擦系数随着法向载荷的增大而减小，速度越大，减小得越快，摩擦系数下降到 0.15~0.20 后出现小幅增大现象，随后稳定到一定的数值区间。分析其原因，可能是在低载荷范围内，在对磨件微凸表面的作用下，聚氨酯试件表面产生刮削和压缩变形，黏弹性体分子链间产生的能量损失通过材料本身的弹性构件得到一定的补充，使摩擦系数呈现减小趋势；随着法向载荷的增大，聚氨酯试件与摩擦面之间的实际接触面积增大，分子链间的能量损失继续增加，弹性构件的补充作用相对减弱,摩擦系数出现略有增大的现象;在较小滑动速度时,分子链间的内耗增加,能量损失导致摩擦系数呈现增大趋势,即滑动速度在 0.1~0.2 m/s 范围内时,加载初期摩擦系数与法向载荷正相关,当法向载荷为 24 N 以上时,摩擦系数随着载荷的增大而减小,随后稳定到一定的数值区间。

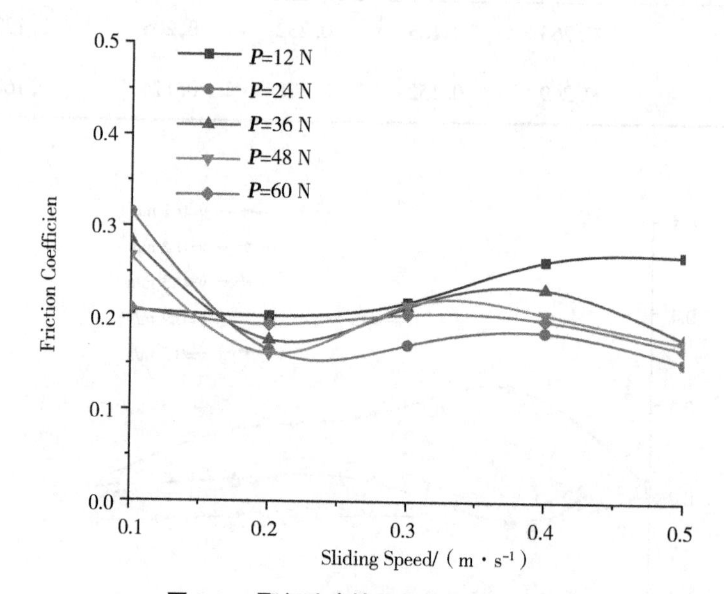

图 3-4 聚氨酯摩擦系数与滑动速度的关系

注:横坐标为滑动速度。

由图 3-4 可知:在低载荷时,摩擦系数随滑动速度的增大而略有增大;当法向载荷为 24~60 N 时,摩擦系数随滑动速度的增大而减小并趋于稳定;法向载荷越大,曲线变化幅度越小,表明摩擦系数的整体水平趋于稳定。

3.2.1.2 磨损量的测定及磨损表面形貌

磨损量是表征材料磨损特性的重要参数之一。常用磨掉材料的长度、质量、体积来评价材料磨损量,分别称为线性磨损量、质量磨损量和体积磨损量。为了便于测量,一般通过测量试件在不同运动参数和力学参数下的质量磨损量进行磨损特性分析,使用表面轮廓仪对每个试件的粗糙度进行 3 次测量,取平均值计算,确保同种试件的粗糙度处于同一水平。试验前,用丙酮将聚氨酯试件在超声波清洗机中清洗 20 min 并烘干 2 h,使用精度为 0.0001 g 的电子天平对聚氨酯试件称重并记录试验前的质量。安装并夹紧聚氨酯试件，设定试验载荷、转速和运行时间后开始进行摩擦磨损试验。设备运转一定转数后自动停机，保存数据并取下试件，重复清洗、烘干和试件称重等步骤，得到试验完毕后试件的磨损量。聚氨酯试件在水介质中的磨损量如表 3-6 所示。经过处理，分别得到磨损量与法向载荷、磨损量与滑动速度的曲线，如图 3-5 和图 3-6 所示。

表 3-6　聚氨酯试件在水介质中的磨损量

滑动速度/(m·s^{-1})	法向载荷/N				
	12	24	36	48	60
	磨损量/g				
0.1	0.0003	0.0024	0.0085	0.0204	0.0550
0.2	0.0016	0.0171	0.0368	0.0654	0.0822
0.3	0.0093	0.0308	0.0506	0.0716	0.0914
0.4	0.0207	0.0343	0.0585	0.0800	0.1130
0.5	0.0223	0.0475	0.0775	0.1110	0.1640

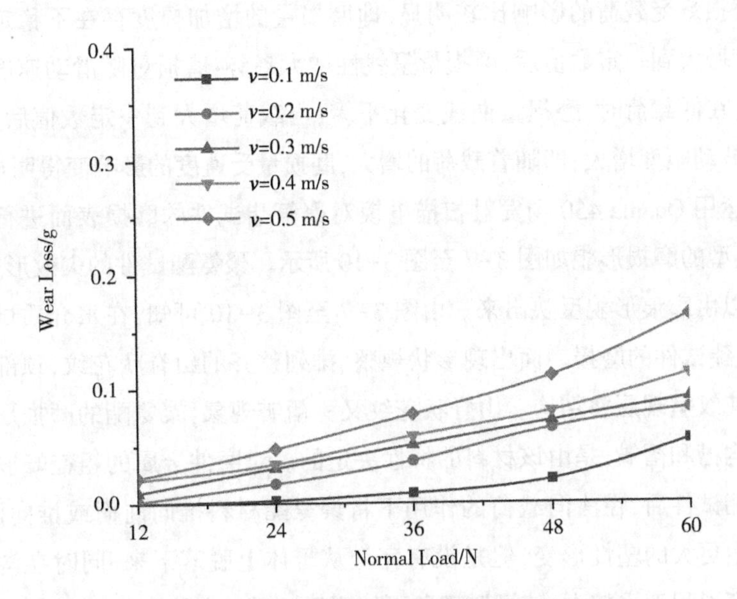

图 3-5　聚氨酯磨损量与法向载荷的关系

注：纵坐标为磨损量。

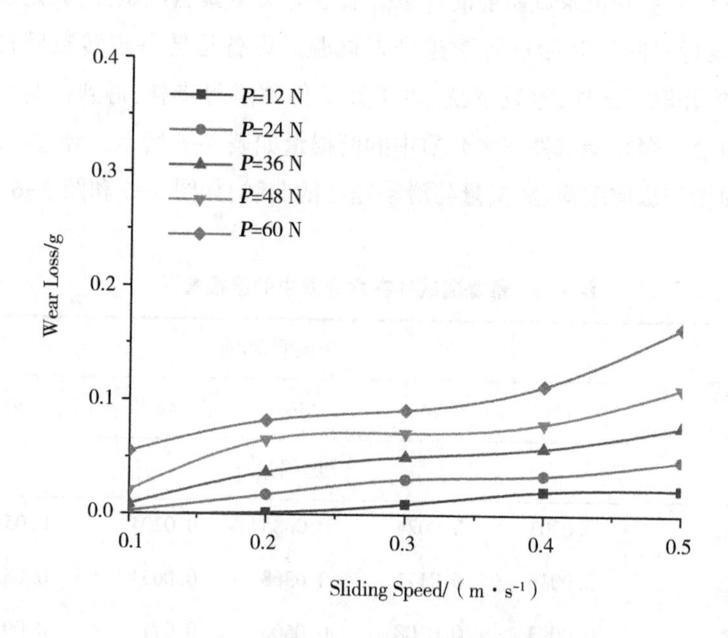

图 3-6　聚氨酯磨损量与滑动速度的关系

如图 3-5、图 3-6 所示：聚氨酯试件的磨损量随法向载荷的增大而增加；在低速时，磨损量受载荷的影响比较明显，即磨损量的增加幅度存在不稳定的现象；当速度增大到一定数值后，磨损量呈线性增大趋势；磨损量随滑动速度的增大而增加；在低载荷时，磨损量曲线变化平缓；当载荷增大到一定数值后，磨损量曲线的波动幅度增大，即随着载荷的增大，磨损量受速度的影响变得明显。

本书运用 Quanta 450 场发射扫描电镜对聚氨酯试件的磨损表面进行观察及分析，典型的磨损形貌如图 3-7 至图 3-10 所示。聚氨酯试件的失效形式、磨损形态可以由磨痕形貌反映出来。由图 3-7 至图 3-10 可知，在水介质试验条件下，聚氨酯试件的磨损表面出现形状规整、排列整齐的山脊状花纹，顶部近似圆弧状的花纹呈现层叠结构。山脊状花纹又称褶皱现象，聚氨酯的磨损形貌出现明显的沟槽和褶皱，是由该材料的特性决定的。对磨件金属的粗糙峰嵌入较软的聚氨酯试件后，在法向载荷的作用下将聚氨酯材料推向前面或推向两边，使材料产生更大的塑性形变，但是没有完全从母体上脱落下来，同时在沟底旁边的材料变形程度也较大，使褶皱现象更加明显。通过高倍(800×)图像可以看出，磨削过程中存在少许鳞片状的表层碎屑剥落现象，在水介质中形成棉絮状物体浮于表面。随着法向载荷的增大,磨损表面产生的鳞片状剥落碎屑增加,同时出现涡坑现象。

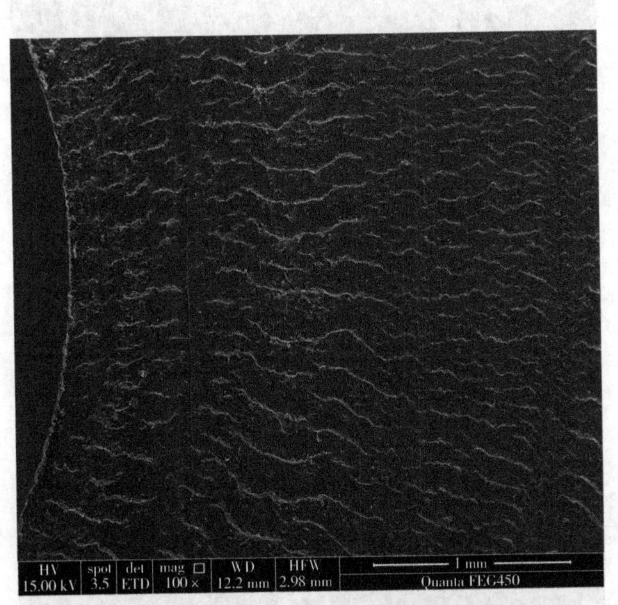

图3-7　0.2 m/s、12 N条件下的聚氨酯磨损形貌(100×)

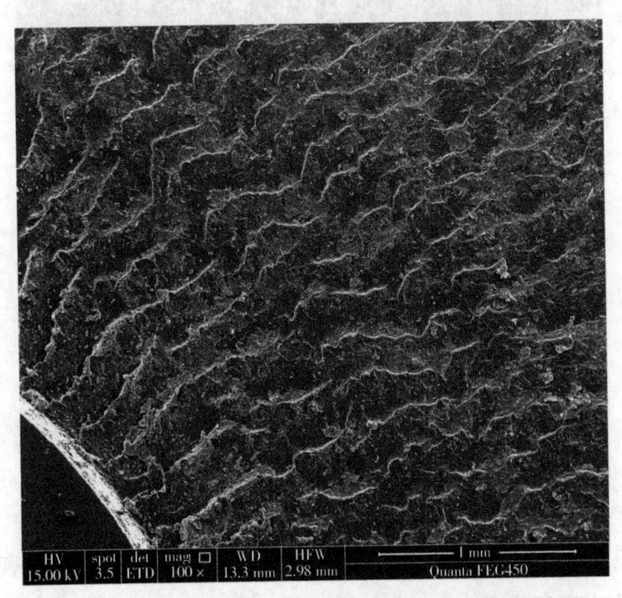

图3-8　0.2 m/s、60 N条件下的聚氨酯磨损形貌(100×)

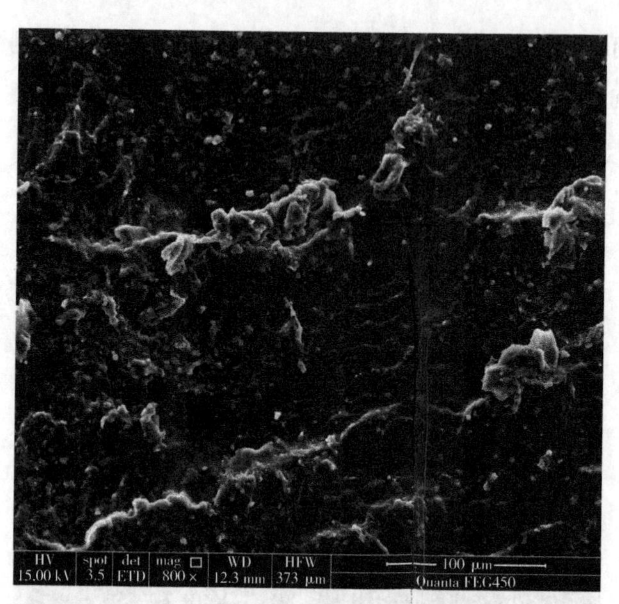

图 3-9 0.2 m/s、12 N 条件下的聚氨酯磨损形貌(800×)

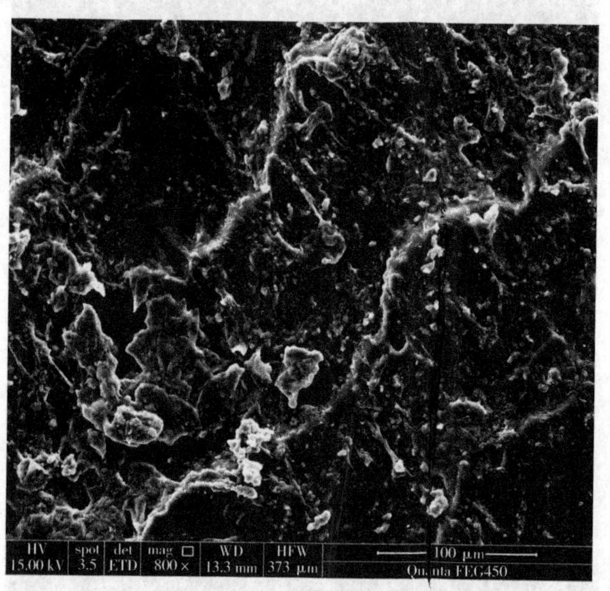

图 3-10 0.2 m/s、60 N 条件下的聚氨酯磨损形貌(800×)

根据磨损形态进一步分析得出,聚氨酯试件的磨损机理主要表现为油性磨粒磨损。当滑动速度为 0.2 m/s 时,在 60 N 法向载荷的作用下,聚氨酯高分子材料大分子发生明显的机械断裂,形成反应性的自由基,使材料出现力化学降解。聚氨酯试件表面局部分子链间的氢键在对磨件的作用力下出现磨削破坏，分子力有所减弱，聚氨酯的物理交联下降，聚氨酯材料发生摩擦磨损，而且磨损使应力集中到主链上，分子链因此被拉断。在断裂的端部形成相对活泼的自由基，他们在相互作用的同时与氧相互作用，在化学降解作用下，表面形成胶黏层，摩擦力使其发生黏性变形，产生平行、层叠的山脊状花纹，随着法向载荷的增大，山脊状花纹更加明显。

3.2.1.3 磨损速率

磨损量是指聚氨酯试件以设定转速旋转一定时间后产生的磨耗，转速设定值不同，则相同时间内摩擦磨损的行程不同或完成相同转数所需的时间不同。在采油现场，通常采用检泵周期来衡量抽油泵的使用寿命，而检泵周期与磨损速率负相关，因此有必要进一步分析聚氨酯试件的磨损速率。磨损速率是指聚氨酯试件在单位时间内的磨损量。基于聚氨酯试件在水介质中的磨损量试验数据，根据磨损量与时间的关系，将磨损量换算成磨损速率，如表3-7所示。同时，根据所得的数据拟合出磨损速率与载荷以及磨损速率与滑动速度的关系曲线，如图3-11、图3-12所示，结果表明磨损速率与载荷、滑动速度均存在近似线性关系。

表3-7 聚氨酯试件在水介质中的磨损速率

滑动速度/($m \cdot s^{-1}$)	法向载荷/N				
	12	24	36	48	60
	磨损速率/($\times 10^{-4}$ $g \cdot s^{-1}$)				
0.1	0.0013	0.0100	0.0354	0.0850	0.2292
0.2	0.0133	0.1425	0.3067	0.5450	0.6850
0.3	0.1163	0.3850	0.6325	0.8950	1.1425
0.4	0.3450	0.5717	0.9750	1.3333	1.8833
0.5	0.4646	0.9896	1.6146	2.3125	3.4167

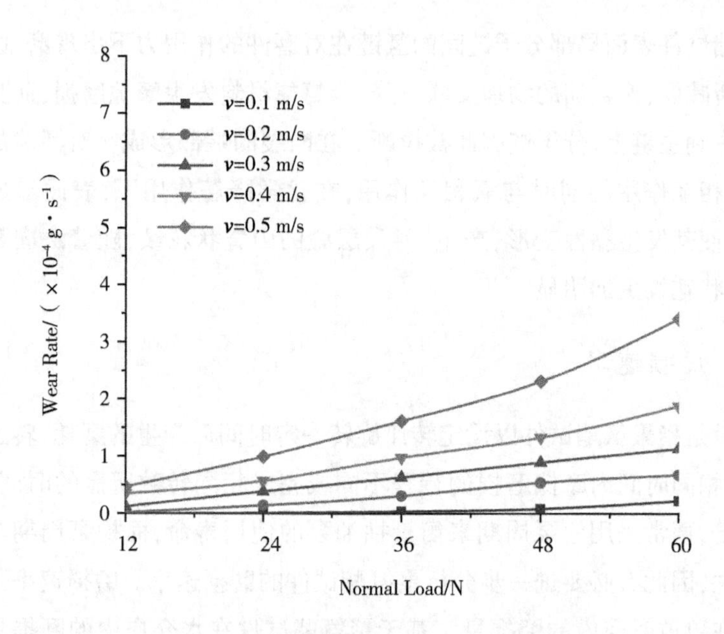

图 3-11 聚氨酯磨损速率与法向载荷的关系

注：纵坐标为磨损速率。

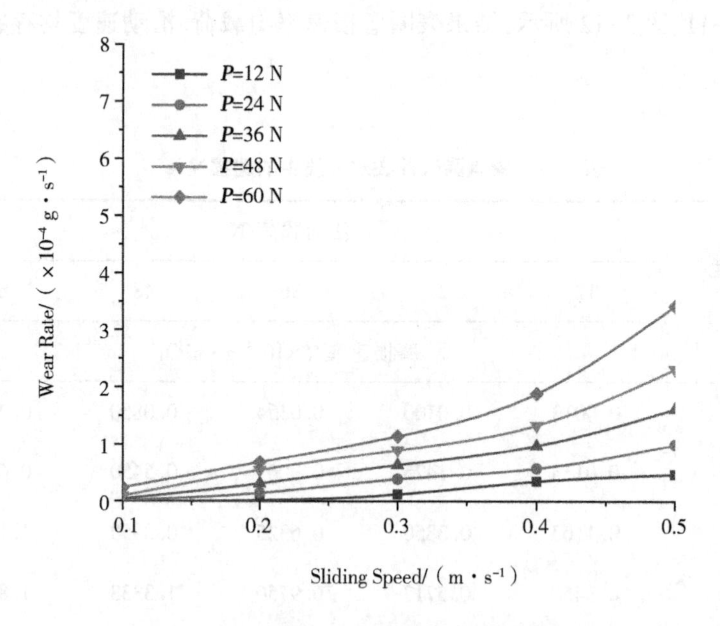

图 3-12 聚氨酯磨损速率与滑动速度的关系

3.2.2 聚醚醚酮试件的试验结果及分析

3.2.2.1 摩擦系数

在水介质环境中进行聚醚醚酮的摩擦磨损试验并处理试验数据，可以得到不同法向载荷和滑动速度条件下的摩擦系数，如表 3-8 所示。表 3-8 中数据显示，当滑动速度一定时，随着法向载荷的增大，摩擦系数波动范围较小。

表 3-8　聚醚醚酮试件在水介质中的摩擦系数

滑动速度/(m·s^{-1})	法向载荷/N				
	12	24	36	48	60
	摩擦系数				
0.1	0.101	0.092	0.120	0.130	0.135
0.2	0.110	0.103	0.118	0.135	0.140
0.3	0.151	0.118	0.121	0.105	0.111
0.4	0.158	0.131	0.126	0.126	0.101
0.5	0.174	0.170	0.136	0.108	0.086

为了分析摩擦系数与法向载荷的关系，将每组数据拟合成曲线，如图 3-13 所示。同理，为了表征摩擦系数与滑动速度之间的关系，将法向载荷视为固定值，绘制摩擦系数随滑动速度变化的曲线，如图 3-14 所示。

由图 3-13 可知：当滑动速度小于 0.2 m/s 时，摩擦系数随着法向载荷的增大而增大；当速度大于 0.2 m/s 时，摩擦系数随着法向载荷的增大而减小；当法向载荷为 60 N 时，摩擦系数在 0.10~0.15 窄幅区间变化，并且基本呈现滑动速度越大摩擦系数越小的变化趋势。由图 3-14 可知：当法向载荷小于或等于 24 N 时，摩擦系数随着滑动速度的增大而增大；当法向载荷为 36 N 时，摩擦系数随滑动速度变化的幅度较小，趋于稳定数值；当法向载荷大于或等于 48 N

时,摩擦系数随着滑动速度的增大略有减小。另外,聚醚醚酮的摩擦系数较聚氨酯材料的摩擦系数整体呈变小趋势,表明在同种情况下,聚醚醚酮材料的耐磨性能更优异。

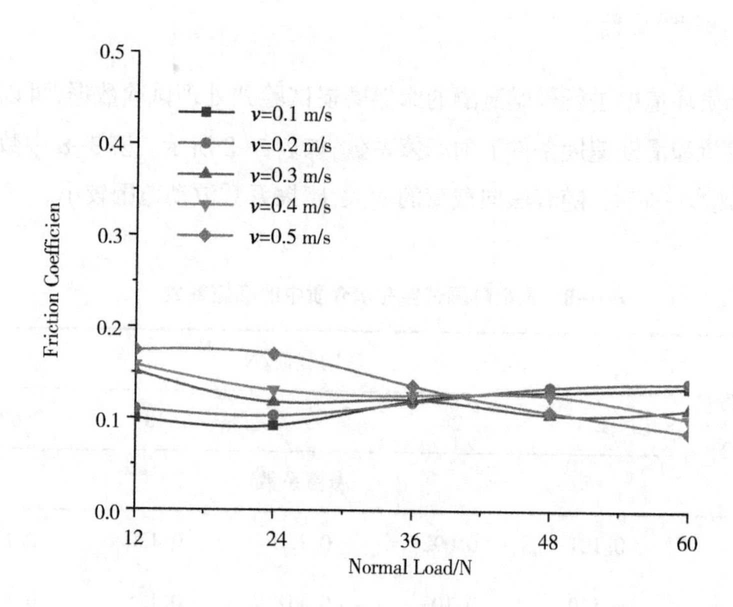

图 3-13 聚醚醚酮摩擦系数与法向载荷的关系

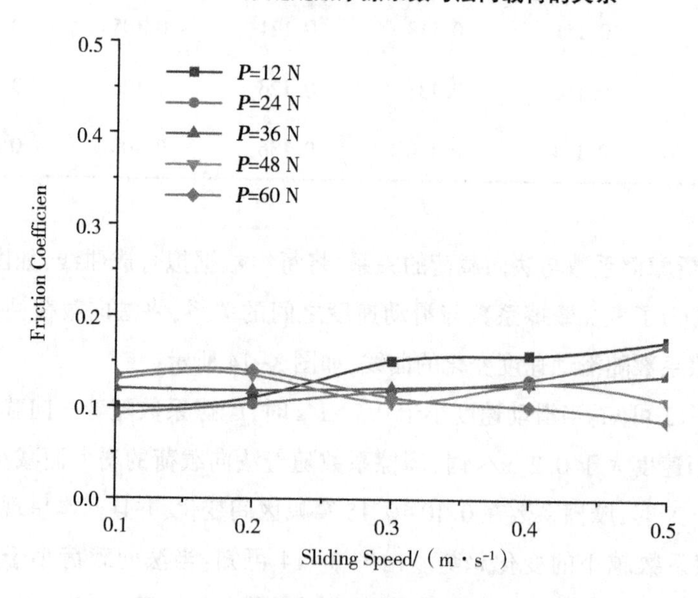

图 3-14 聚醚醚酮摩擦系数与滑动速度的关系

3.2.2.2 磨损量的测定及磨损表面形貌

测定聚醚醚酮磨损量的试验条件与聚醚醚酮摩擦系数的测定条件相同，通过试验前后电子天平的数值得到试件的磨损量，聚醚醚酮试件在水介质中的磨损量如表3-9所示。

表3-9　聚醚醚酮试件在水介质中的磨损量

滑动速度/($m \cdot s^{-1}$)	法向载荷/N				
	12	24	36	48	60
	磨损量/g				
0.1	0.0001	0.0002	0.0003	0.0010	0.0017
0.2	0.0001	0.0004	0.0008	0.0015	0.0022
0.3	0.0003	0.0006	0.0011	0.0018	0.0024
0.4	0.0004	0.0008	0.0014	0.0022	0.0027
0.5	0.0013	0.0021	0.0024	0.0028	0.0037

根据表3-9中的数据进行曲线拟合，得到聚醚醚酮磨损量与法向载荷以及磨损量与滑动速度的关系曲线，如图3-15、图3-16所示。由图3-15可知，聚醚醚酮试件的磨损量满足随法向载荷增大而增加的变化趋势，在不同的滑动速度下，磨损量增加的速率略有差异。由图3-16可知：聚醚醚酮试件的磨损量随滑动速度的增大而增加，且在不同法向载荷下均满足该规律；在不同法向载荷下，聚醚醚酮试件磨损量增大的速率近似相同，只是在滑动速度超过0.4 m/s时出现明显的波动现象。

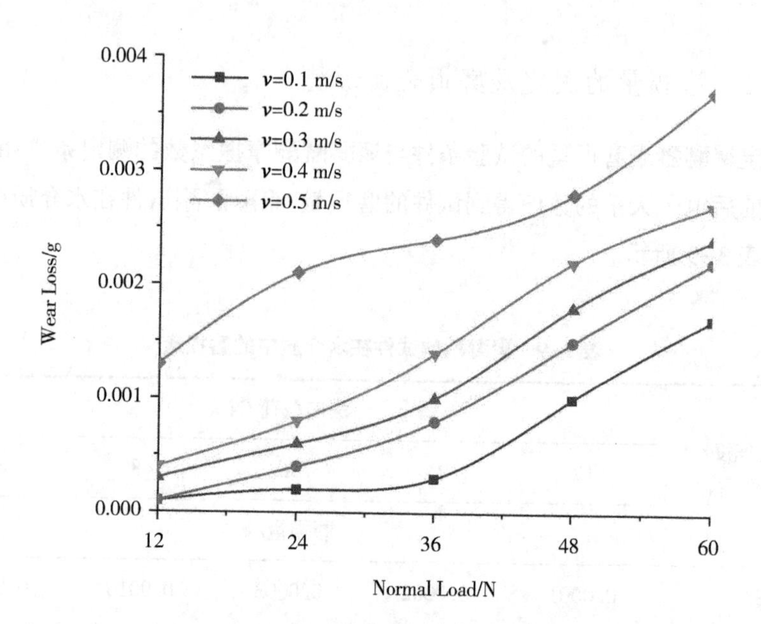

图 3-15　聚醚醚酮磨损量与法向载荷的关系

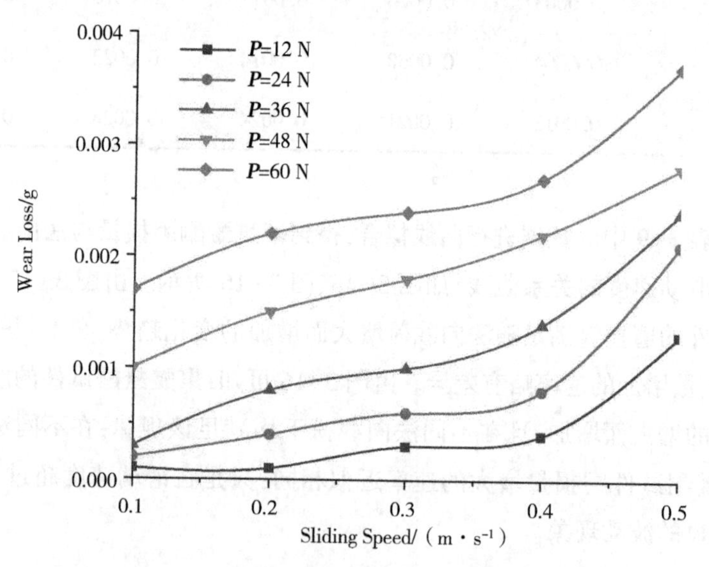

图 3-16　聚醚醚酮磨损量与滑动速度的关系

进行软柱塞与泵筒摩擦磨损模拟试验后，运用扫描电镜对聚醚醚酮试件的磨损表面进行观察。由于相同时间内，聚醚醚酮试件的滑动距离与滑动速度成正比，而滑行距离直接影响聚醚醚酮试件的磨损量和摩擦磨损形貌，即滑行距离越大,磨损量越大,摩擦磨损形貌越清晰明显,因此选取表3-3中的最大滑动速度(0.5 m/s)和表3-4里的中、高载荷(36 N和60 N),对聚醚醚酮试件磨环表面的形貌进行电镜分析。典型的磨损形貌如图3-17至图3-20所示。

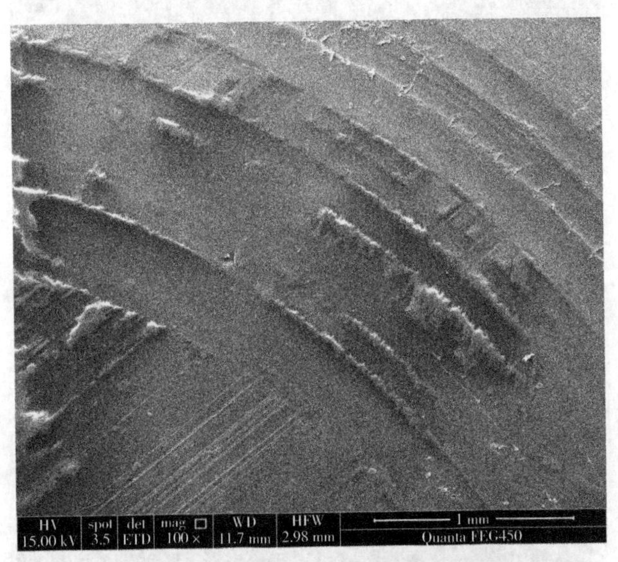

图3-17　0.5 m/s、36 N条件下的聚醚醚酮磨损形貌(100×)

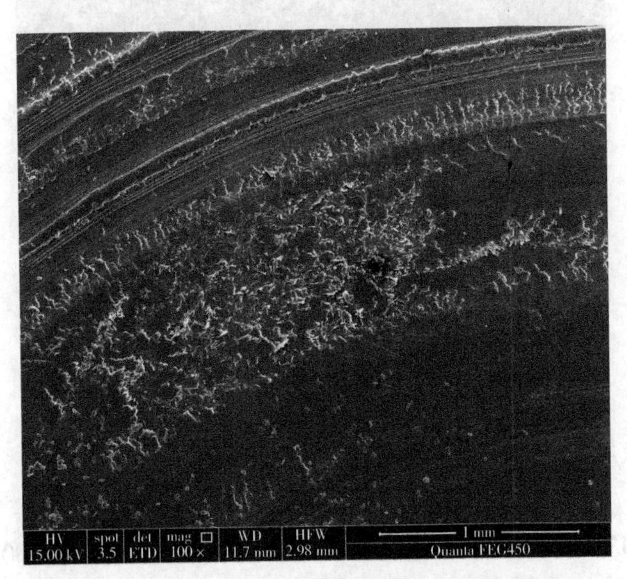

图3-18　0.5 m/s、60 N条件下的聚醚醚酮磨损形貌(100×)

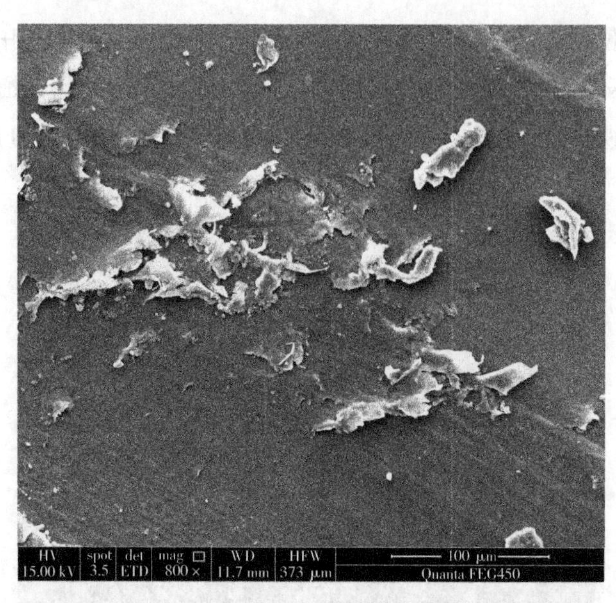

图 3-19　0.5 m/s、36 N 条件下的聚醚醚酮磨损形貌(800×)

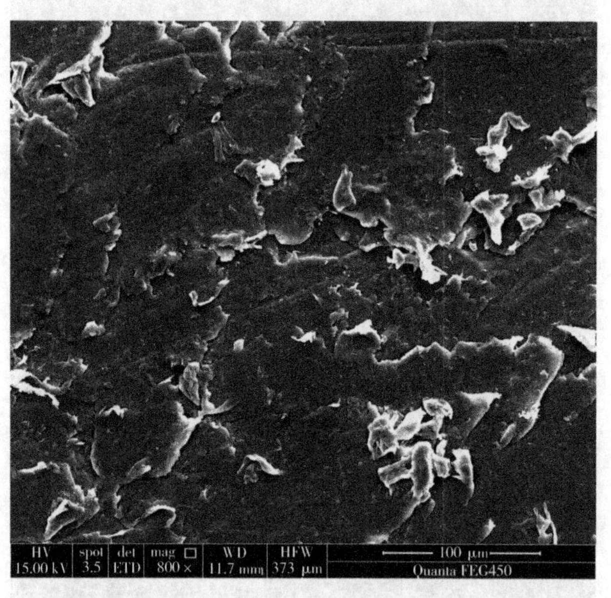

图 3-20　0.5 m/s、60 N 条件下的聚醚醚酮磨损形貌(800×)

由图 3-17 至图 3-20 可知，在水介质试验条件下，由低倍(100×)图像可以看出聚醚醚酮试件的磨损表面有一条条清晰、明显的划痕，它是由磨粒磨削或犁沟造成的。由于黏着结合强度比基体金属的抗剪切强度高，因此剪切发生在聚醚醚酮试件的亚表层,转移到对磨件的黏着物使聚醚醚酮试件表面出现细而浅的划痕,随着法向载荷的增大,剪切破坏由表层向深处展开,呈现宽而深的划痕。由高倍(800×)图像可以看出黏着结点的破坏以塑性流动为主,磨损颗粒大,堆积于表面。在一定载荷的作用下,试件表面受压力和剪切力的影响,试件表面形成的块状颗粒磨屑随之出现表层剥落现象,从聚醚醚酮试件脱落,形成磨痕。随着法向载荷的增大,磨痕深度增加,表明法向载荷对聚醚醚酮的磨损量产生影响,即法向载荷越大,聚醚醚酮的磨损量越大,与图3-15的分析结果完全吻合。

通过分析聚醚醚酮试件的磨损形貌可知,滑动摩擦时,在对磨面上形成了聚醚醚酮的转移膜,其磨损机理主要表现为表面黏着磨损。在磨损过程中,试件与对磨件的表面产生热量,随着法向载荷的增大,表面积聚热量且温度升高,聚醚醚酮试件的机械性能会降低,加快表面磨损的进度,对于聚醚醚酮试件、对磨件及环境等构成的摩擦系统的磨损性能起到重要的影响作用。

3.2.2.3　磨损速率

根据上述聚醚醚酮试件在水介质中的试验数据,将磨损量换算成相应的磨损速率,如表3-10所示。同时,根据所得的数据拟合出磨损速率与法向载荷以及磨损速率与滑动速度的关系曲线,如图3-21、图3-22所示。

表3-10　聚醚醚酮试件在水介质中的磨损速率

滑动速度/($m \cdot s^{-1}$)	法向载荷/N				
	12	24	36	48	60
	磨损速率/($\times 10^{-6}$ $g \cdot s^{-1}$)				
0.1	0.0417	0.0833	0.1250	0.4167	0.7083
0.2	0.0834	0.3334	0.6666	1.2500	1.8334
0.3	0.3750	0.7500	1.3749	2.2500	3.0000
0.4	0.6668	1.3332	2.3332	3.6668	4.5000
0.5	2.7085	4.3750	5.0000	5.8335	7.7085

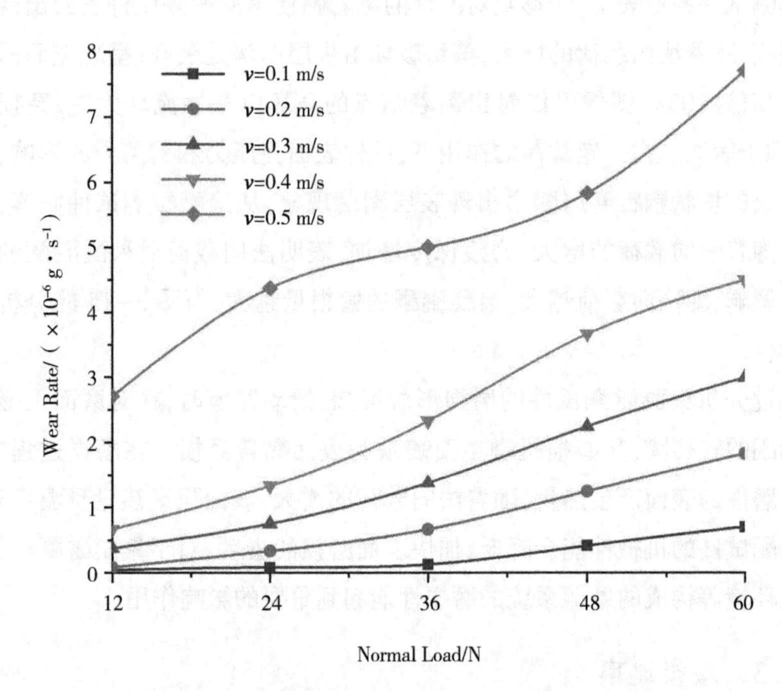

图 3-21　聚醚醚酮磨损速率与法向载荷的关系

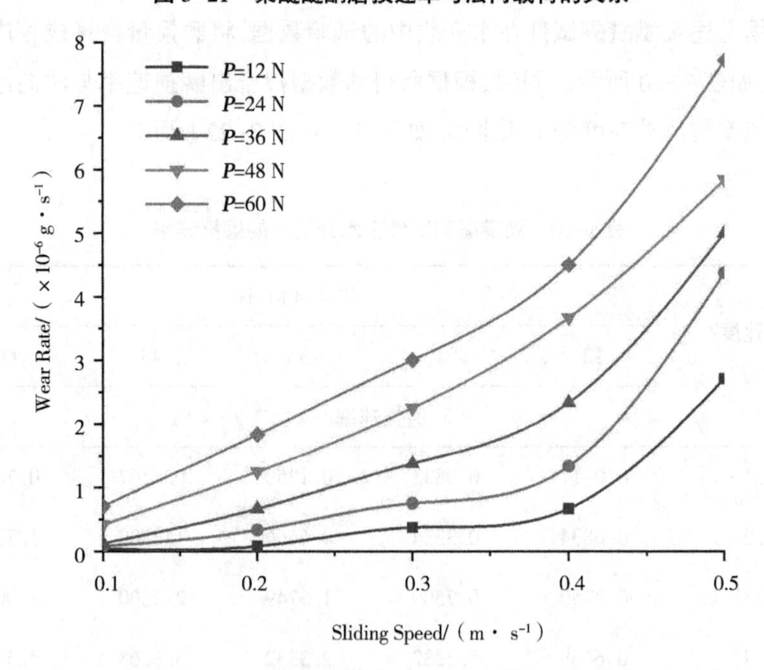

图 3-22　聚醚醚酮磨损速率与滑动速度的关系

3.2.3　丁腈橡胶试件的试验结果及分析

3.2.3.1　摩擦系数

在水介质环境中进行丁腈橡胶的摩擦磨损试验,得到不同载荷和滑动速度条件下的摩擦系数,如表 3-11 所示。将每组数据拟合成曲线,如图 3-23 所示。

表 3-11　丁腈橡胶试件在水介质中的摩擦系数

滑动速度/($m \cdot s^{-1}$)	法向载荷/N				
	12	24	36	48	60
	摩擦系数				
0.1	0.318	0.233	0.254	0.328	0.409
0.2	0.185	0.179	0.228	0.209	0.299
0.3	0.192	0.214	0.218	0.286	0.406
0.4	0.173	0.193	0.184	0.221	0.351
0.5	0.198	0.178	0.191	0.213	0.449

由图 3-23 可知:在较低速度时,摩擦系数满足随法向载荷的增大先减小、后增大的规律;当滑动速度大于 0.2 m/s 时,摩擦系数与法向载荷正相关,即摩擦系数随着法向载荷的增大而增大;当载荷大于 48 N 时,曲线的斜率变大,即摩擦系数的增速进一步变大,而且滑动速度越大,曲线的斜率越大,即摩擦系数变化越明显。

同理,为了表征摩擦系数与滑动速度之间的关系,绘制摩擦系数随滑动速度变化的曲线,如图 3-24 所示。

由图 3-24 可知:载荷一定时,摩擦系数随滑动速度的增大呈先减小再增大、最后趋于稳定的规律变化;在同一法向载荷下运行时,曲线变化幅度逐渐变小并趋于收敛状态;法向载荷越大,曲线波动范围越宽,说明摩擦系数变化越明显;在较小载荷下运行时，滑动速度大于0.2 m/s时曲线接近平缓的直线；当摩擦系数处于稳定状态时，载荷越大，曲线的位置越高，表明摩擦系数的整体水平越大。

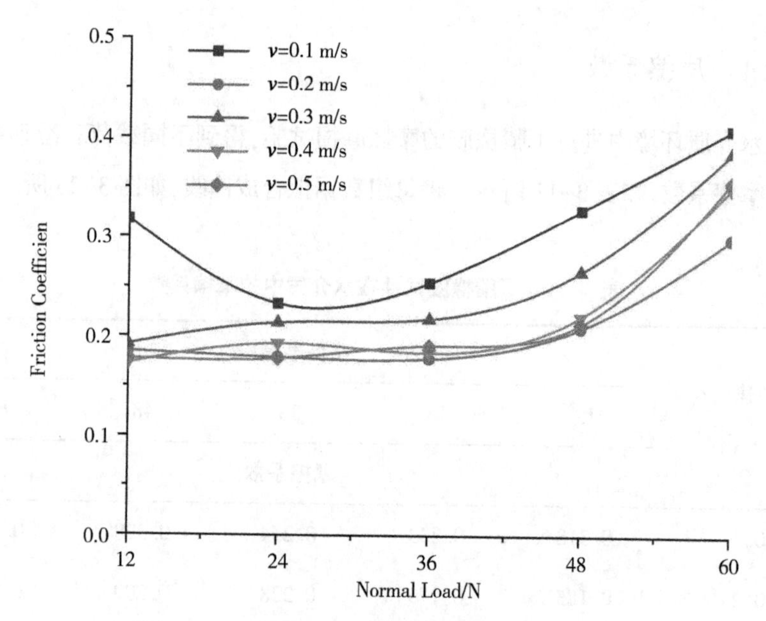

图 3-23 丁腈橡胶摩擦系数与法向载荷的关系

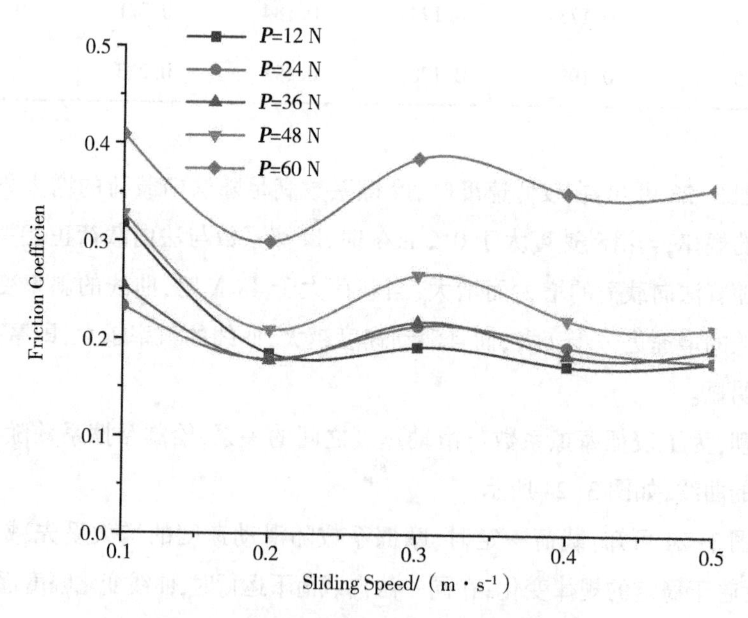

图 3-24 丁腈橡胶摩擦系数与滑动速度的关系

3.2.3.2 磨损量的测定及磨损表面形貌

按照与丁腈橡胶摩擦磨损试验相同的试验条件进行磨损量的测定，根据试验前后电子天平的数值得到丁腈橡胶试件在不同法向载荷及滑动速度下的磨损量，各组试验数据如表3-12所示。对数据进行曲线拟合，分别得到丁腈橡胶磨损量与法向载荷以及磨损量与滑动速度的关系曲线，如图3-25、图3-26所示。

表3-12 丁腈橡胶试件在水介质中的磨损量

滑动速度/ $(m \cdot s^{-1})$	法向载荷/N				
	12	24	36	48	60
	磨损量/g				
0.1	0.0033	0.0052	0.0065	0.0074	0.0277
0.2	0.0041	0.0131	0.0251	0.0392	0.0910
0.3	0.0170	0.0231	0.0630	0.0780	0.1290
0.4	0.0211	0.0260	0.0839	0.1249	0.2009
0.5	0.0241	0.0290	0.0919	0.1829	0.3097

由图3-25可知：磨损初期，丁腈橡胶的磨损曲线接近水平直线，表明施加的载荷处于较低水平时，磨损量基本保持不变；当法向载荷达到24 N后，随着法向载荷的增大，丁腈橡胶试件的磨损量呈现明显增加趋势；在不同的滑动速度下，其磨损量的增加值并不相同；当法向载荷达到48 N时，磨损量的增加幅度较前一阶段呈上升趋势。

由图3-26可知：丁腈橡胶试件的磨损量随着滑动速度的增大而增加；在相同法向载荷下，磨损量增加的速率基本相同，表明滑动速度直接影响圆销试件相对于丁腈橡胶试件的行程，对水质介条件下试件磨损量的影响程度并不显著。

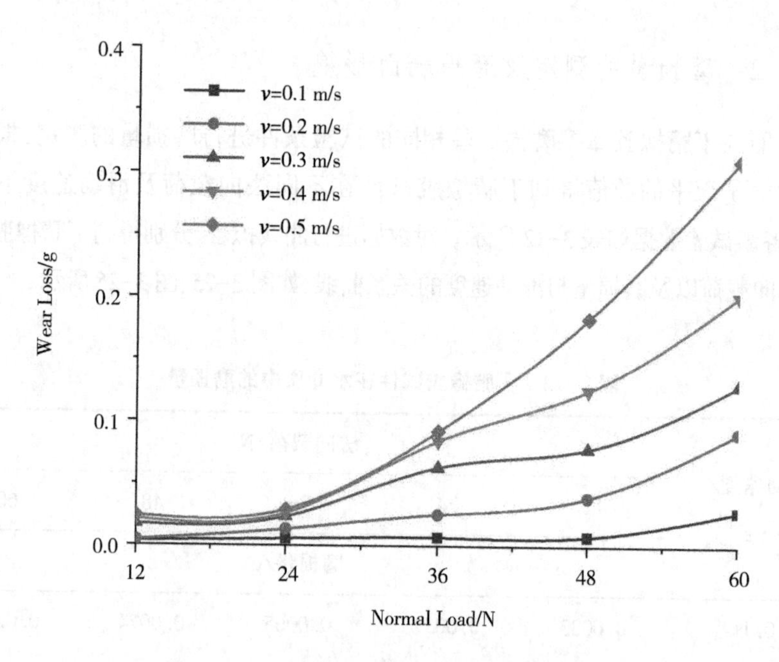

图 3-25 丁腈橡胶磨损量与法向载荷的关系

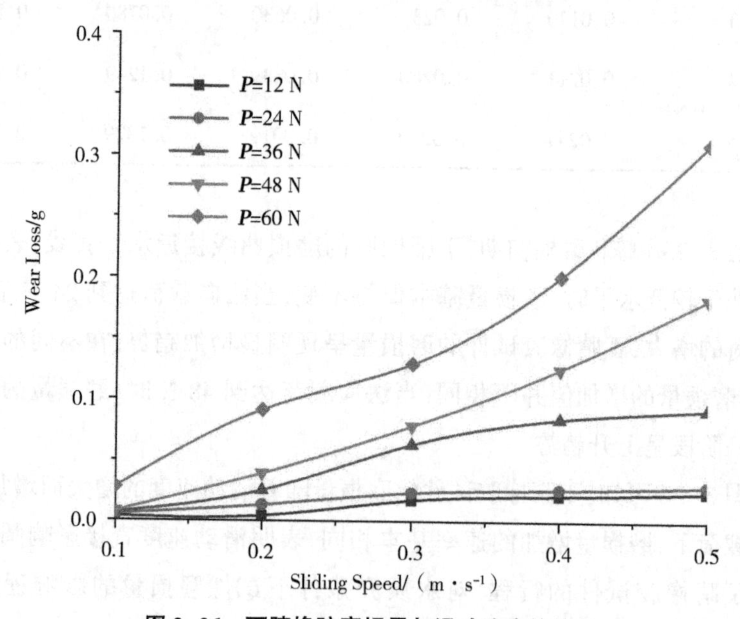

图 3-26 丁腈橡胶磨损量与滑动速度的关系

丁腈橡胶试件的失效形式、磨损形态可以由磨痕形貌反映出来,运用扫描电镜对丁腈橡胶试件的磨损表面进行观察,典型的磨损形貌如图3-27至图3-30所示。

由图3-27至图3-30可知,在水介质试验条件下,法向载荷为48 N时,丁腈橡胶试件的表面有明显的磨损条纹,随着滑动速度的增大,磨损条纹更加明显,表明丁腈橡胶试件的磨损量随着滑动速度的增大而增加,这与图3-25的分析结果完全吻合。

另外,由高倍(800×)图像可以看出,丁腈橡胶磨痕表面存在大量由表面向内部伸展的裂纹和空洞,它们都是交变载荷作用下疲劳磨损的表现形式,并且裂纹深度、空洞的数量与法向载荷成正比。这一现象表明,滑动速度的增大致使丁腈橡胶的分子链交联结构发生断裂,材料的抗剪切强度和硬度呈现下降趋势,磨损表面出现明显的磨损花纹和轻微的犁沟,并且试件表层发生层状剥离现象,形成明显缺陷。

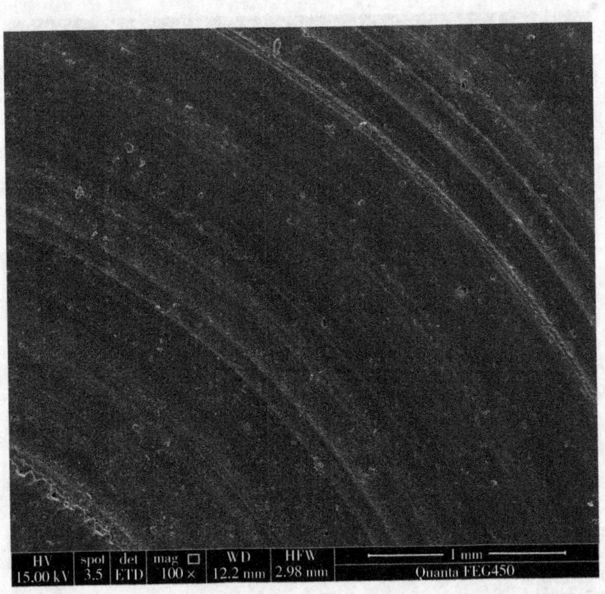

图3-27　0.1 m/s、48 N条件下的丁腈橡胶磨损形貌(100×)

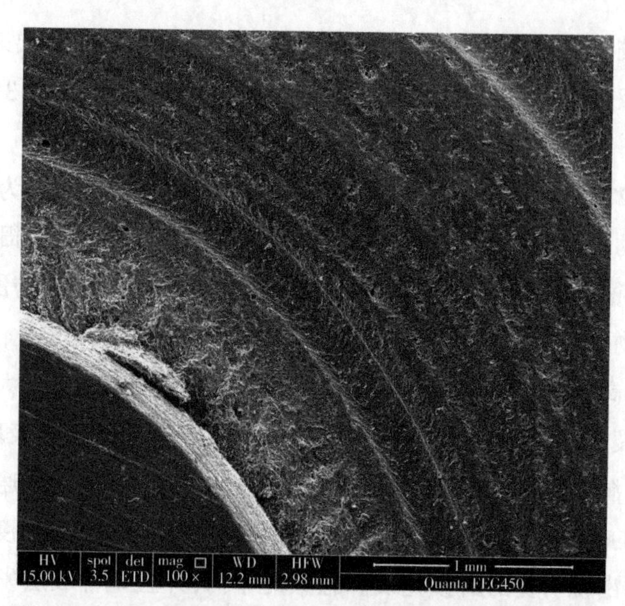

图 3-28　0.3 m/s、48 N 条件下的丁腈橡胶磨损形貌(100×)

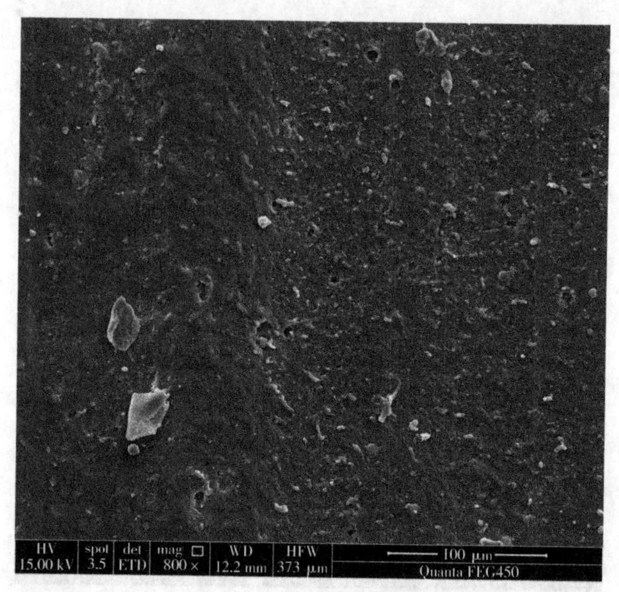

图 3-29　0.1 m/s、48 N 条件下的丁腈橡胶磨损形貌(800×)

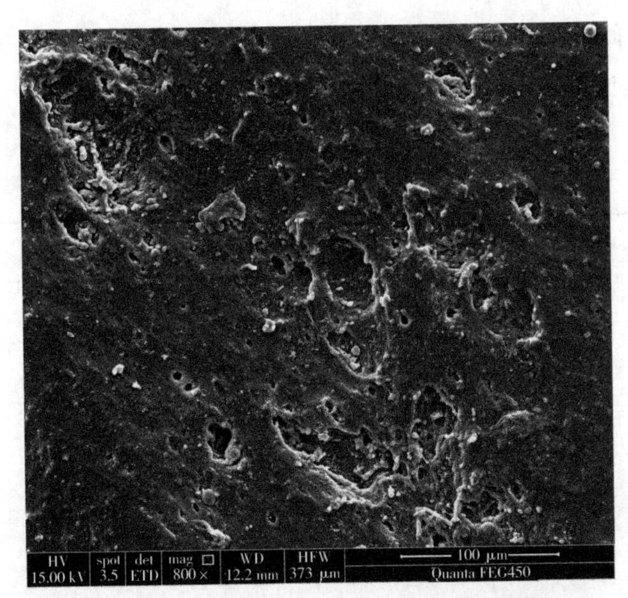

图3-30 0.3 m/s、48 N条件下的丁腈橡胶磨损形貌(800×)

根据磨损形态进一步分析得出,丁腈橡胶试件的磨损机理主要表现为磨粒磨损。当滑动速度为0.1 m/s时,丁腈橡胶处于轻微磨粒磨损阶段,磨粒磨损加速了丁腈橡胶试件的溶胀老化过程,并且溶胀作用的影响大于犁削作用引起的磨粒磨损;当滑动速度为0.3 m/s时,丁腈橡胶的磨损为严重磨粒磨损,工作介质更易介入丁腈橡胶的裂纹和空洞中,溶胀作用进一步加速磨粒磨损进程。综上所述,丁腈橡胶试件的磨损形式表现出典型的磨粒磨损和疲劳磨损,二者使丁腈橡胶试件进入老化磨损阶段。

3.2.3.3 磨损速率

基于水介质中丁腈橡胶试件的摩擦磨损试验数据,根据磨损量与时间的关系将磨损量换算成相应的磨损速率,如表3-13所示。同时,根据所得的数据拟合相应的曲线,得到磨损速率与法向载荷以及磨损速率与滑动速度的关系曲线,如图3-31、图3-32所示。

由图3-31可知,丁腈橡胶的磨损速率随法向载荷、滑动速度的增大而增大,与聚氨酯、聚醚醚酮的磨损速率曲线有相似的特征。将图3-11、图3-21及图3-31进行对比分析,结果表明,当法向载荷达到48 N时,丁腈橡胶试件的磨损速率较聚氨酯、聚醚醚酮试件表现出明显变化趋势,说明载荷增大到一定的程度，相同时间内丁腈橡胶试件的磨损量增加更加明显。下面对三种材料的摩擦磨损试验结果进行对比分析。

表 3-13 丁腈橡胶试件在水介质中的磨损速率

滑动速度/($m \cdot s^{-1}$)	法向载荷/N				
	12	24	36	48	60
	磨损速率/($\times 10^{-4}$ $g \cdot s^{-1}$)				
0.1	0.0138	0.0217	0.0271	0.0308	0.1154
0.2	0.0342	0.1092	0.2092	0.3267	0.7583
0.3	0.2125	0.2888	0.7875	0.9750	1.6125
0.4	0.3517	0.4333	1.3983	2.0816	3.3483
0.5	0.5021	0.6042	1.7354	3.8104	6.4521

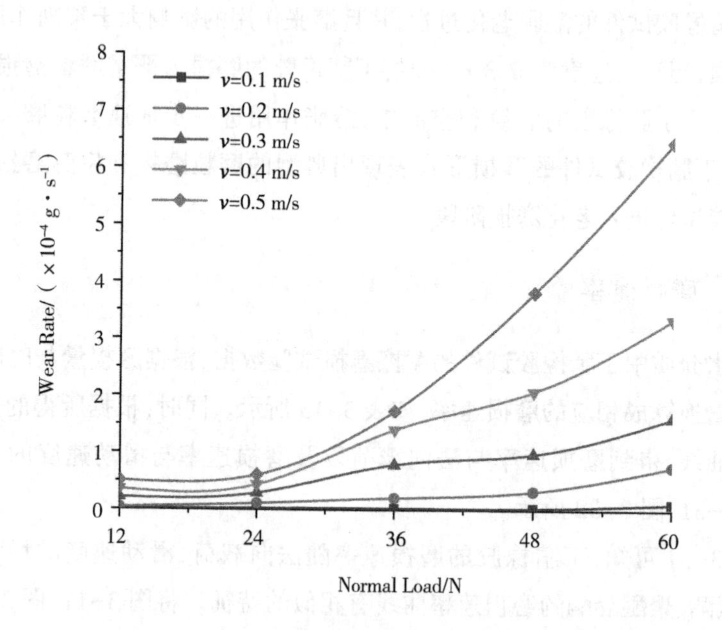

图 3-31 丁腈橡胶磨损速率与法向载荷的关系

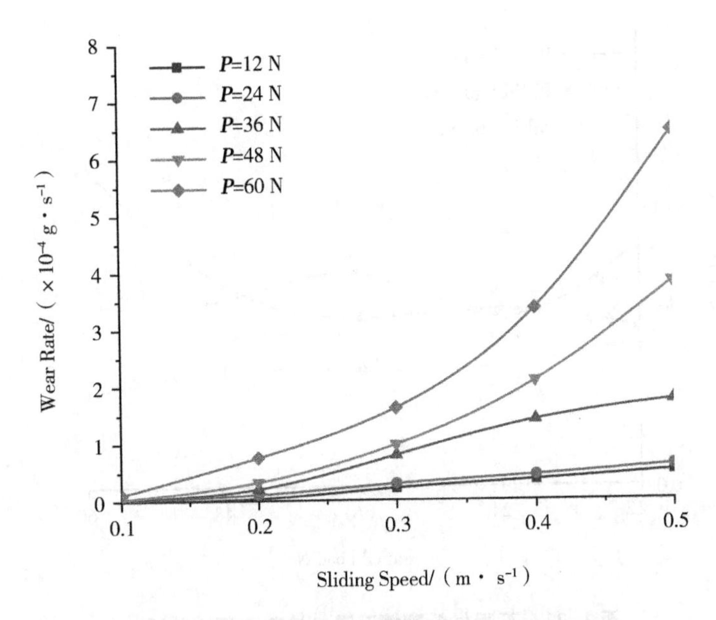

图 3-32　丁腈橡胶磨损速率与滑动速度的关系

3.2.4　三种材料的试验结果对比分析

为了分析不同软柱塞材料的耐磨特性，本节对比水介质中聚氨酯、聚醚醚酮、丁腈橡胶材料的摩擦系数、磨损量等试验数据。多级软柱塞抽油泵的工作参数为冲程 $s=3$ m，冲速 $n_f=4$ 次/min，软柱塞滑动速度 $\boldsymbol{v}=0.4$ m/s。滑动速度为 0.4 m/s 时，摩擦磨损试验中不同材料的摩擦系数与载荷的关系如图 3-33 所示。

抽油泵多级软柱塞每级的最大接触应力均不同，且满足“上一级软柱塞接触应力数值高于下一级软柱塞”的规律，接触应力最大值位于施加法向载荷为 36~48 N 时，此时三种材料的摩擦系数与滑动速度的关系如图 3-34 所示。

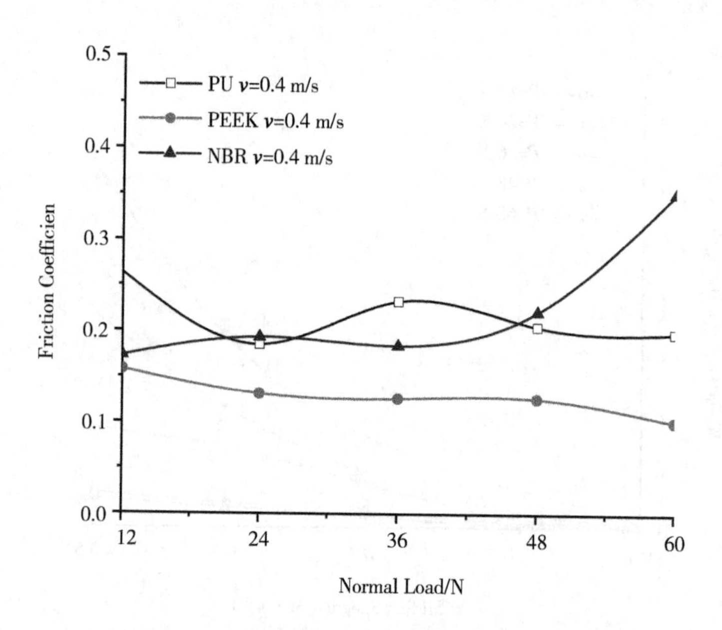

图 3-33 不同材料摩擦系数与法向载荷的关系

注:PU 为聚氨酯;PEEK 为聚醚醚酮;NBR 为丁腈橡胶。

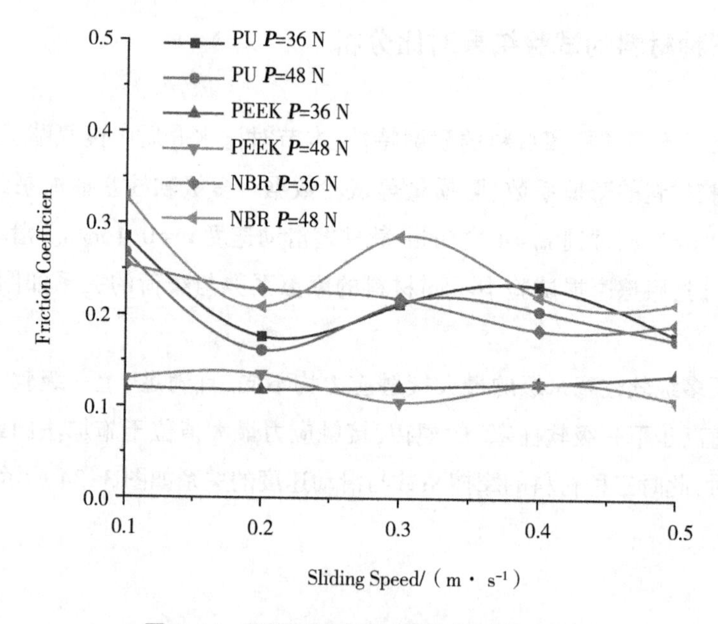

图 3-34 不同材料摩擦系数与滑动速度的关系

如图 3-33、图 3-34 所示:当滑动速度和法向载荷都相同时,聚醚醚酮试件在水介质中的摩擦系数普遍比聚氨酯、丁腈橡胶试件的摩擦系数小；滑动速度为 0.4 m/s 时，聚醚醚酮试件的摩擦系数随法向载荷的增大而减小，聚氨酯试件的摩擦系数呈现上下波动趋势，且波动幅度逐渐减小，丁腈橡胶的摩擦系数随法向载荷的增大而增大；法向载荷为 48 N 时，聚醚醚酮材料的摩擦系数最小，聚氨酯次之，丁腈橡胶的摩擦系数最大。

由图 3-5、图 3-15 及图 3-25 可知，在相同条件下，聚醚醚酮试件的磨损量相当于聚氨酯试件及丁腈橡胶试件磨损量的 1%，说明聚醚醚酮的耐磨性能明显优于聚氨酯和丁腈橡胶。这里仅需要对比聚氨酯和丁腈橡胶的磨损量与法向载荷、滑动速度的关系，依据抽油泵软柱塞与泵筒的最大接触应力范围，比较丁腈橡胶和聚氨酯材料在法向载荷为 36 N 及 48 N 时磨损量与滑动速度的关系，得到的曲线如图 3-35、图 3-36 所示。当滑动速度和法向载荷都相同时，聚氨酯试件在水介质中的磨损量普遍比丁腈橡胶在水介质中的磨损量少，即作为软柱塞材料，聚氨酯在耐磨性能方面具有一定的优势，但其耐磨性能与聚醚醚酮材料相差甚远。

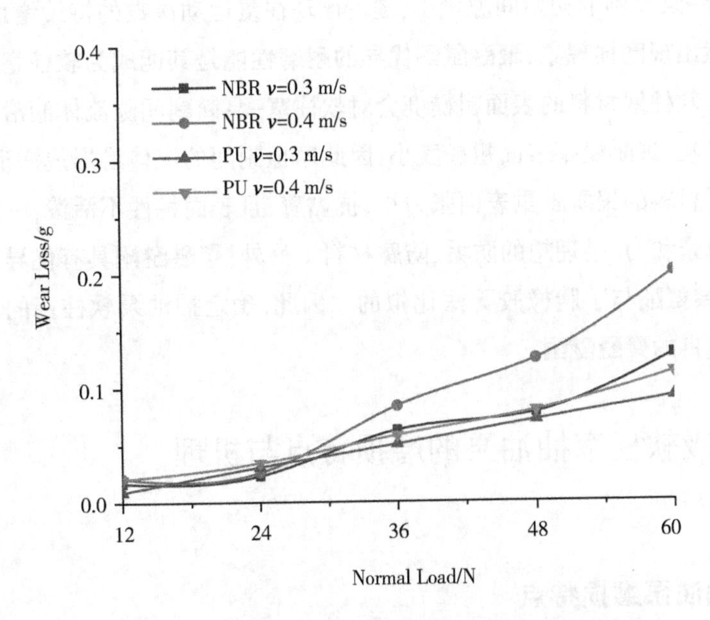

图 3-35　聚氨酯、丁腈橡胶磨损量与法向载荷的关系

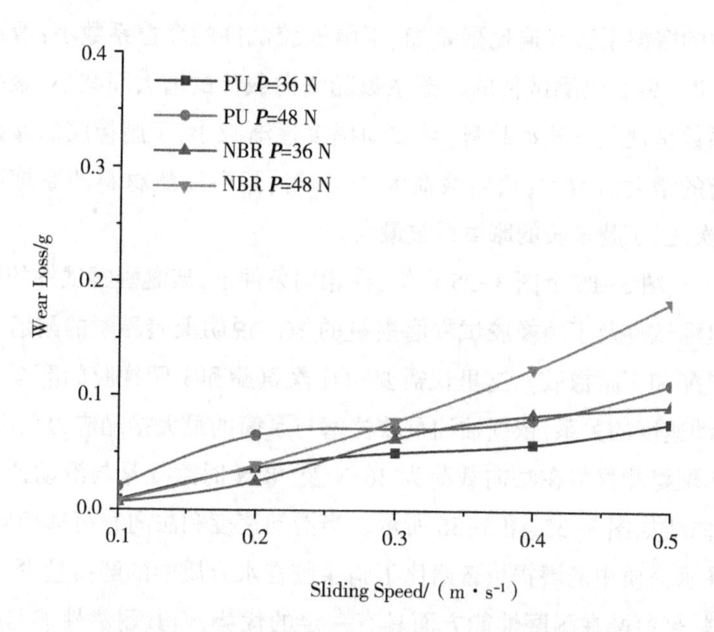

图 3-36 聚氨酯、丁腈橡胶磨损量与滑动速度的关系

软柱塞-泵筒副的初始间隙较小,随着循环往复运动次数的持续增加,实际工况中必然出现磨损现象,聚醚醚酮优异的耐磨性能是其能成为软柱塞材料的重要因素。软柱塞材料的表面粗糙度会对软柱塞-泵筒副间隙流体润滑状态产生一定的影响,聚醚醚酮表面粗糙度小,因此摩擦副间的流体易形成润滑状态。作为高分子材料的聚醚醚酮表面张力小、抗黏着,且表面特性不活泼,一般与其他物质没有亲和力,是理想的防垢、防腐材料。另外,聚醚醚酮具有优异的抗疲劳特性,是聚氨酯与丁腈橡胶无法比拟的。因此,确定抽油泵软柱塞的材料为综合性能优良的聚醚醚酮。

3.3 多级软柱塞抽油泵的磨损特点与机理

3.3.1 抽油泵磨损特点

第 3.1 节对软柱塞与泵筒的模拟摩擦磨损试验研究结果表明,抽油泵软柱塞的磨损量、磨损速率均与法向载荷(接触压力)近似成正比关系,磨损量随着滑动速度的增大而减少，磨损速率随滑动速度的增大呈现先增大后减小的变化趋势。从现场调研得知，柱塞和泵筒的磨损失效是抽油泵的主要失效形式。现行石油开采处于高含水期，润滑性降低致使磨损加剧，抽油泵受到油液力腐蚀性介质的影响，化学剂引起的主要失效形式有机械磨损、磨粒磨损、冲蚀磨损、化学及电化学腐蚀等。抽油泵的实际磨损形式及磨损失效部位如图3-37和图3-38所示。

图3-37　柱塞表面的磨损形貌

图3-38　泵筒表面的磨损形貌

3.3.2 多级软柱塞抽油泵磨损机理

多级软柱塞抽油泵工作在三元复合驱的石油钻采工作环境中，其摩擦磨损过程是复杂的变化过程，受到环境、温度、介质、法向载荷、滑动速度等条件的影响。根据抽油泵的一般工况，软柱塞抽油泵存在的磨损形式主要为黏着磨损、磨粒磨损、疲劳磨损及腐蚀磨损等。一般情况下，这几种磨损形式并存，只是在不同的条件下某一种磨损形式起主导作用，不同的磨损形式共同决定抽油泵的检泵周期和使用寿命。根据多级软柱塞抽油泵的工作原理进行分析，在抽油泵的上、下冲程中，软柱塞受到交变载荷的作用，长期运行的软柱塞势必出现疲劳磨损和腐蚀磨损现象，在运行的中后期尤为明显。

3.3.2.1 黏着磨损

黏着磨损是指黏着现象致使在摩擦副中相对运动着的摩擦表面材料发生转移而引起的磨损。摩擦表面的某些微凸体在法向载荷的作用下，当顶端压力大于屈服强度时，其产生塑性变形且进一步扩大接触面积，直到实际接触面积足以支撑外部载荷，两者的相对滑动致使界面膜破裂，在接触处形成“冷焊”接点，产生固相焊合现象。“冷焊”接点随着继续滑动而被剪断，从而形成新的接点，产生一定的磨损量，磨损量的大小取决于被剪断的节点的位置。根据黏着点的强度和破坏位置的不同，黏着磨损分为轻微磨损、涂抹、擦伤、划伤、咬死五种类型。剪切若发生在相对滑动的界面上或有污染膜、吸附膜等存在的表面，则产生轻微磨损；剪切若发生在界面以下，则使材料从磨削表面转移到较硬的对偶面上，形成磨屑，如图 3-39 所示。当摩擦表面的相对运动所引起的切向力小于材料节点间的抗剪切强度时，表面无法做相对运动，即发生“咬死”现象。因此，黏着磨损常常表现为非常严重的磨损情况，它是聚醚醚酮随着载荷的持续增大而呈现的磨损形式之一。

图 3-39　聚醚醚酮磨屑形貌

当多级软柱塞抽油泵处于上冲程运行状态时，软柱塞受到油液的径向作用力而产生形变，若软柱塞与泵筒的间隙极小，则油液不足以实现密闭空间的润滑作用，摩擦区接触表面产生干摩擦现象。一方面，软柱塞与泵筒表面间的磨损速度快，软柱塞的表层被磨掉露出崭新表面；另一方面，摩擦区域产生大量的热量，使软柱塞材料的力学性能降低，又由于软柱塞与泵筒（金属）材料的硬度相差较大，因此两者容易产生黏着磨损，甚至发生“咬死”现象。充分润滑可以有效减小黏着磨损对软柱塞的影响，要根据井下供油压差和工作环境的变化，及时调整抽油泵的工作参数，设计符合实际工况的结构参数，使抽油泵的间隙流量与工况条件相匹配，使系统保持良好的边界润滑状态，使泵筒表面形成良好的油膜层，有效减少或防止泵筒与软柱塞之间的黏着磨损。

3.3.2.2　磨粒磨损

对于高含砂井，使用传统抽油泵很容易出现砂卡现象，致使泵筒与柱塞接触表面严重磨损，引起抽油泵过早失效，大大缩短检泵周期。聚氨酯、丁腈橡胶等材料弹性大、柔性强，具有一定的容砂能力。因此，软柱塞抽油泵在这类井下的适应性相对强，可发挥自身的采油优势。但进入抽油泵的砂粒会对软柱塞材料产生一定的磨损，耐磨性能仍然是衡量软柱塞材料适用性的一项重要指标，因此对磨损机理的分析显得很有必要。

磨粒磨损是指在摩擦过程中硬质颗粒或表面凸体的硬体滑动引起的材料脱落。可将磨粒视为锥形的硬质颗粒,其在软材料上滑行,犁出一条条深浅不一的沟,一部分材料被挤到沟的两侧,另外一部分则形成磨屑脱落。含砂井中的砂粒夹在两个摩擦表面之间相对滑动造成的磨损又称为三体磨损,软柱塞抽油泵的磨损应属于三体磨损,又称自由磨粒作用下的湿磨粒磨损。在磨损初期,软柱塞材料所产生的磨损以磨粒磨损为主。

从磨屑的形式看,多级软柱塞抽油泵的磨屑主要有塑性磨屑和疲劳磨屑两种。塑性磨屑是指被磨表面由于发生塑性变形而产生沟槽,沟槽的深度与作用力成正比,作用力越大,沟槽越深。疲劳磨屑是指被磨件被磨料犁皱而不成犁沟,被移动的褶皱材料发生反复疲劳变形而形成磨屑,图 3-7 至图 3-10 中聚氨酯摩擦磨损试验的磨损形貌呈现的磨屑就属于疲劳磨屑。因此,磨粒磨损是聚氨酯的主要磨损形式之一。

通过扫描电镜观察的软柱塞试件的磨损形貌可以充分体现磨粒磨损的形貌特征,即具有间距不等的撕裂条纹和微观层状表面结构。通常,磨损表面微观层状结构的磨损花纹生长的方向几乎与运动方向垂直,当法向载荷增大到某一极限值时,其磨损花纹生长的方向便与运动方向平行。由于充满于软柱塞与泵筒间隙中的油液黏度较大,致使其中的砂粒流动性较差,因此软柱塞抽油泵沿平行滑动方向的微观层状结构将形成磨损花纹。

研究表明,软柱塞发生磨粒磨损时,其耐磨系数

$$\beta_0 = C_3 \frac{E\mu_f}{\boldsymbol{F}\bar{r}} \tag{3-9}$$

式中,C_3——常数;

E——弹性模量,MPa,由于磨损表面受到微切削作用变软,因此它的有效值与材料的数值不同;

μ_f——软柱塞的摩擦系数;

$\boldsymbol{F}$——法向载荷,N;

$\bar{r}$——磨粒的曲率半径均值,mm。

由式(3-9)可以看出,尖锐的磨粒或较大的法向载荷都会影响软柱塞的耐磨系数。在同等条件下,弹性模量和摩擦系数共同决定材料的耐磨性能。聚氨

酯的弹性模量高于丁腈橡胶,在摩擦系数相差甚微的情况下,用聚氨酯制成的软柱塞的耐磨性能较用丁腈橡胶制成的软柱塞更加优良。

另外,为了减少抽油泵的磨粒磨损造成的损失,除了要使软柱塞具有较好的机械性能外,还要在井底安装防砂装置或采用防砂抽油泵,以保证含砂量少的介质进入抽油泵中。

3.3.2.3 疲劳磨损

在软柱塞-泵筒副表面发生滑动摩擦时,周期性载荷使近接触区域产生一定的交变应力,在表层薄弱处产生裂纹并逐渐扩展发生断裂,这种表面材料疲劳而产生脱落的现象称为疲劳磨损,即使在良好的润滑条件下仍不可避免。

软柱塞与刚性泵筒表面在一定的正应力作用下发生相对运动,聚氨酯和丁腈橡胶材料制成的软柱塞为高弹性体,对粗糙、坚硬的对磨面上的微凸体有较好的适应性。重复的拉伸、压缩和压缩松弛应力使软柱塞表面发生变形,滑动接触表面由于微凸体相互接触、相互碰撞而产生冲击力,使微凸体受到重复的冲击和变形,致使材料发生疲劳磨损。因此,疲劳磨损是抽油泵软柱塞普遍存在的一种磨损形式,低载荷运行时聚氨酯、聚醚醚酮、丁腈橡胶材料的磨斑均能体现疲劳磨损的形貌。丁腈橡胶、聚醚醚酮的疲劳磨损分别如图3-40、图3-41所示。

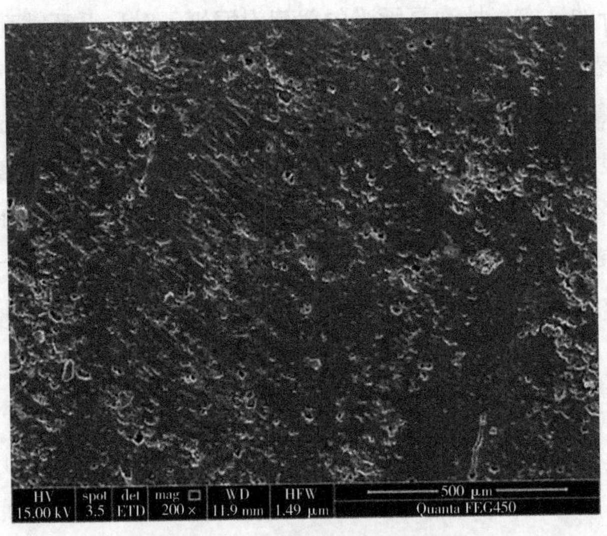

图3-40 丁腈橡胶的疲劳磨损

如图 3-40、图 3-41 所示,磨损表面常出现深浅不同的斑状凹坑。凹坑小而深的,磨屑呈扇形颗粒,称为点蚀;凹坑大而浅的,磨屑呈片状,称为剥落。

图 3-41 聚醚醚酮的疲劳磨损

由本章试验研究结果可知,在抽油泵工作时,软柱塞-泵筒副间的滑动摩擦系数大于 0.1,摩擦力作用使最大剪应力位置趋于表面,这一点在有限元计算分析中得到充分的证实。抽油泵承受的载荷为恒幅不对称循环载荷,基于接触应力的作用,离表面一定深度的最大剪应力处,塑性变形最剧烈,在载荷作用下反复变形,使材料局部弱化,在最大剪应力处首先出现裂纹,并沿着最大剪应力的方向扩展到表面,从而形成疲劳磨损。因此,软柱塞疲劳磨损的裂纹应于其亚表层萌生且平行于表面,油液在上、下压差的作用下以冲击波的形式强烈作用在裂纹壁处,同时摩擦力所引起的拉应力也可引起裂纹进一步扩展,产生二次裂纹。抽油泵软柱塞表面的疲劳裂纹如图 3-42 所示,与上述对磨损机理的分析相吻合。

图 3-42　软柱塞表面的疲劳裂纹

此外,由有限元分析结果可知,软柱塞的最大剪应力分布位置如图 3-43 所示,与图 3-37 所示的疲劳磨损剥层的位置相吻合,即疲劳磨损发生在亚表层最大剪应力处。

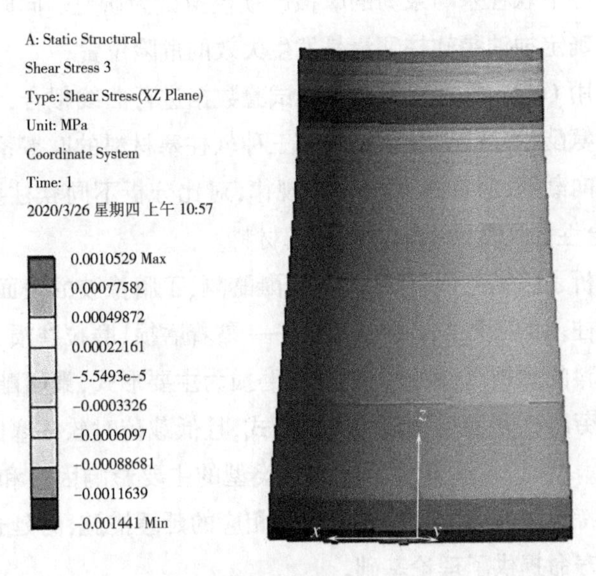

图 3-43　软柱塞的剪应力分布

抽油泵表面的疲劳磨损产生的根本原因是在循环应力作用下表面萌生裂纹并不断扩展。疲劳磨损不能避免，但可从阻止裂纹形成及扩展方面寻求减少疲劳磨损的方法，例如：

①为了保证较高的软柱塞表面质量，以延缓亚表层疲劳磨损裂纹萌生，需采用适合抽油泵软柱塞的加工工艺。另外，尽量保证软柱塞表层的纤维流与摩擦面平行，减小裂纹的生长伸展速度，延长抽油泵的检泵周期。

②采用适合的软柱塞软段、硬段配比，确定合适的硬度和较高的塑性、韧性，使软柱塞的综合机械性能较好，减少裂纹萌生，延缓裂纹扩展。

③提高抽油泵软柱塞和泵筒的加工精度与配合精度，以降低循环应力的动力特性，延长抽油泵多级软柱塞的使用寿命。

④以抽油泵软柱塞结构优化为研究目标，通过减小运行中抽油泵软柱塞的应力分布，延缓疲劳磨损裂纹的萌生和扩展过程。

3.4 本章小结

①本章依据确定的软柱塞材料本构模型，建立相同结构参数条件下聚氨酯、聚醚醚酮及丁腈橡胶软柱塞的有限元模型，通过计算不同材料软柱塞的接触应力、应变、等效应力，确定抽油泵软柱塞的法向载荷、滑动速度等工作参数，进行水介质条件下软柱塞与泵筒的摩擦磨损模拟试验研究。同时，本章采用有限元分析方法确定抽油泵软柱塞最易发生失效的危险位置。

②本章采用 Origin 软件对摩擦磨损试验数据进行曲线拟合，讨论了水介质工作环境下聚氨酯、聚醚醚酮、丁腈橡胶三种软柱塞材料的摩擦系数、磨损量及磨损速率随法向载荷、滑动速度变化的规律，对比分析不同软柱塞材料的磨损性能，确定综合性能优良的抽油泵软柱塞材料。

③本章分析了扫描电镜下聚氨酯、聚醚醚酮、丁腈橡胶的表面磨损形貌，探讨了抽油泵软柱塞的三种主要磨损形式——黏着磨损、磨粒磨损、疲劳磨损，确定聚醚醚酮材料的磨损以疲劳磨损、黏着磨损为主要形式，聚氨酯、丁腈橡胶材料的磨损以疲劳磨损和磨粒磨损为主要形式，且低载荷时软柱塞的主要磨损形式为疲劳磨损。同时，本章分析不同磨损类型的主要影响因素和磨损机理，并针对存在差异特性的疲劳磨损形式提出了相应的延缓措施，为延长多级软柱塞抽油泵的使用寿命提供了理论基础。

第4章　基于双向流固耦合多级软柱塞的承压特性分析

当软柱塞-泵筒副的间隙流体流经软柱塞表面时,变形的软柱塞与周围流场构成一个流固耦合系统。本章采用双向流固耦合数值计算方法对流场中的抽油泵多级软柱塞变形及受变形影响的流体压力、速度进行研究,旨在通过优化结构设计及参数延长软柱塞的检泵周期。同时,本章对数值计算结果与模拟试验结果进行对比分析,力求为多级软柱塞抽油泵的分级承压特性及泵效模拟试验研究提供理论基础。

4.1　软柱塞-泵筒副缝隙流研究

4.1.1　软柱塞-泵筒副泄漏分析

抽油泵软柱塞-泵筒副以间隙配合的方式进行上下往复运动,完成油液的汲取与排出过程。多级软柱塞与泵筒不仅存在相对运动,而且软柱塞、泵筒两端受到压差作用,故间隙中油液的流速应是由剪切流速和压差引起的流速的线性叠加。开展多级软柱塞结构优化与抽油泵泵效研究工作,必须分析在剪切作用与压差作用下的间隙泄漏量,即通过多级软柱塞与泵筒间隙流出的流量。当软柱塞与泵筒存在相对运动时,两者不是无限长,而是有限长,且属于泵筒长、软柱塞短的情况。长泵筒固定,短柱塞运动,则两者所形成的间隙将随柱塞一起运动。通常将坐标建在短柱塞上,当短柱塞不运动时为固定坐标,当短柱塞运动时为动坐标。在剪切流与压差流的共同作用下,间隙中的油液以层流或湍流形式向下流动,可求得联合作用下的速度分布规律和泄漏量。为了构建抽油泵多级软柱塞与泵筒的间隙流体模型,需要分析同心环形间隙流体在压差作用下的流动和偏心环形间隙流体在压差作用下的流动。图 4-1 所示为偏心环形间隙的流动。

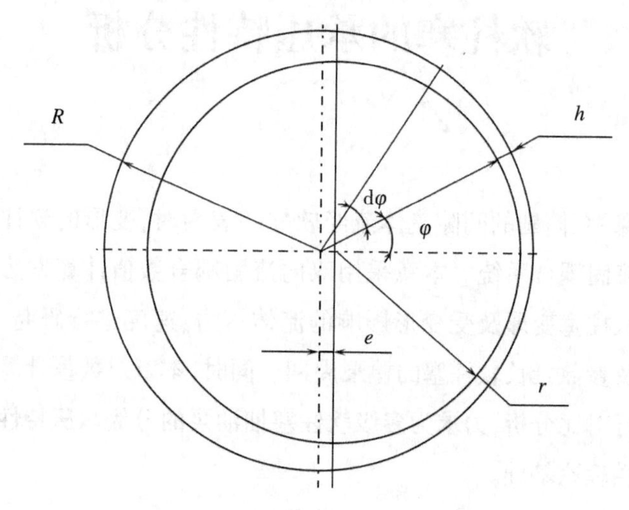

图 4-1 偏心环形间隙的流动

在图 4-1 中, r 、R 分别为内、外圆的半径, e 为偏心距, h 为间隙。圆周任意一点与圆心的连线沿正 x 轴偏置为 φ ,在该处取 $\mathrm{d}\varphi$,由于 $\mathrm{d}\varphi$ 所对应的内、外圆柱面所构成的间隙可近似为两平行板间的间隙,因此该处的流量可按两平行板的间隙流体公式计算,即

$$\mathrm{d}Q = \frac{bh^3 \Delta \boldsymbol{p}}{12\mu l_0} \tag{4-1}$$

式中, b ——平行板的宽度,m;

h ——间隙,m;

$\Delta \boldsymbol{p}$ ——两端的压差,Pa;

μ ——流体动力黏度,Pa · s;

l_0——平行板的长度,m。

此处宽度为 $b = R\mathrm{d}\varphi$,将其代入式(4-1),整理得环形间隙的流量

$$\mathrm{d}Q = \frac{\Delta \boldsymbol{p}}{12\mu l_0} h^3 R \mathrm{d}\varphi \tag{4-2}$$

设 h_0 为内、外两圆完全同心时的间隙量，由几何关系求得

$$h \approx R - e\cos\varphi - r = h_0(1 - e_0\cos\varphi) \tag{4-3}$$

式中，h_0——内、外两圆完全同心时的间隙量，$h_0 = R - r$；

e_0——偏心率，$e_0 = \dfrac{e}{h_0}$。

将式(4-3)代入流量表达式(4-2)，可得

$$\mathrm{d}Q = \frac{\Delta \boldsymbol{p}}{12\mu l_0} {h_0}^3 (1 - e_0\cos\varphi)^3 R \mathrm{d}\varphi \tag{4-4}$$

整个环形间隙的泄漏量为

$$Q = \int \mathrm{d}Q = \int_0^{2\pi} \frac{\Delta \boldsymbol{p} R h^3}{12\mu l_0} (1 - e_0\cos\varphi)^3 \mathrm{d}\varphi = \frac{\pi d_0 h_0^3}{12\mu l_0} \Delta \boldsymbol{p} (1 + 1.5{e_0}^2) \tag{4-5}$$

式中，d_0——软柱塞的外径。

当 $e_0 = 0$ 时，即内、外两圆柱面完全同心时，代入式(4-5)得

$$Q = \frac{\pi d_0 h_0^3}{12\mu l_0} \Delta \boldsymbol{p} \tag{4-6}$$

当 $e_0 = 1$ 时，即内、外两圆柱面完全偏心时，代入式(4-5)得

$$Q = 2.5 \frac{\pi d_0 h_0^3}{12\mu l_0} \Delta \boldsymbol{p} \tag{4-7}$$

由式(4-7)可得，完全偏心时的泄漏量为完全同心时泄漏量的 2.5 倍。抽油泵的多级软柱塞与泵筒安装时的同心度要求很高，为使偏心量减至最小（h 近似等于 h_0），在结构上应采取相应措施。

如果剪切流与压差流同时存在，则上述环形间隙的泄漏量的表达式为

$$Q = \frac{\pi d_0 h_0^3 \Delta \boldsymbol{p}}{12\mu l} (1 + 1.5{e_0}^2) \pm \frac{\boldsymbol{v} h_0}{2} \pi d_0 \tag{4-8}$$

式中，d_0——软柱塞的外径，m；

h_0——软柱塞-泵筒副的初始间隙，m；

$\Delta \boldsymbol{p}$——两端的压差，Pa；

μ——流体的动力黏度，Pa·s；

l——软柱塞的长度，m；

v ——软柱塞的滑动速度,m/s;

e_0——偏心率。

在式(4-8)中,圆柱体运动的方向与压差方向相同时取正号,相反时取负号。

多级软柱塞与泵筒初始实现无偏心安装,同时考虑速度的影响。在上冲程时,软柱塞上端的压强高于下端的压强,即 $\Delta p>0$,压强差的方向与柱塞运动方向相反,漏失方向与排油方向也相反。滑动速度增大使泄漏量减小,即

$$Q=\frac{\pi d_0 h_0^3 \Delta p}{12\mu l}-\frac{v h_0}{2}\pi d_0 \tag{4-9}$$

折算后为

$$Q(\mathrm{m^3/h})=3600\pi d_0\left(\frac{\Delta p h_0^3}{12\mu l}-\frac{v h_0}{2}\right) \tag{4-10}$$

式(4-10)称为抽油泵的动态泄漏量表达式,即表示抽油泵在压差和相对运动情况下的泄漏量。与之对应的还有静态泄漏量,即抽油泵的软柱塞不进行相对运动情况下的泄漏量为

$$Q=\frac{300\pi d_0 h_0^3 \Delta p}{\mu l} \tag{4-11}$$

4.1.2 软柱塞-泵筒副流态分析

黏性流体的流动形态可分为层流、湍流和过渡流。层流(也称片流)是指流速较小时,黏性力起主导作用,液体质点做有条不紊、有序的直线运动,运动过程中水流各层的质点互不混杂,相邻两层流体间只做相对滑动。沿管轴流动的液体流速最大,在管壁处液体流动速度为零,距离中心轴越远则流速越小,即流速与管轴的距离负相关。湍流(也称紊流)是指当流体速度增大超过某值时,惯性力起主导作用,流体不再稳定地分层流动,液体质点运动轨迹极不规则,会向各个不同方向运动。流体速度能分解出平行于管轴方向和垂直于管轴方向的两个分速度,质点之间可能发生相互碰撞而引起流层间的搅混,形成的涡体脱离原来的流束,掺入临近的流束中。过渡流是介于层流和湍流之间的一种不稳定的流动状态。

有研究表明,流体的平均流速、流体的密度、流体的动力黏度及管道半径等

因素决定黏性流体介质属于不同的流动形态。针对诸多影响因素,英国力学家雷诺提出一个重要无量纲数雷诺数(R_e),作为判断流体流态的标准和依据。雷诺数由流动时流体的惯性力和黏性力之比决定,用符号 R_e 表示,其表达式为

$$R_e = \frac{\rho \bar{\boldsymbol{v}} \gamma}{\mu} \tag{4-12}$$

式中,$\bar{\boldsymbol{v}}$ ——管中流体的平均速度,m/s;

γ ——圆管半径,m;

ρ ——管中流体的密度,kg/m^3;

μ ——管中流体的动力黏度,Pa·s。

为了研究抽油泵软柱塞-泵筒副的圆截面管道内流体雷诺数,需要引入水力半径。假设流体将柱塞与泵筒间的圆环管道完全充满,若液体流动的有效横截面积为 S_e,液体过流断面上固体与流体的接触周界线的长度为 l_p ,则水力半径 r_w 的表达式为

$$r_w = \frac{S_e}{l_p} \tag{4-13}$$

此时,雷诺数表达式为

$$R_e = \frac{4\rho \bar{\boldsymbol{v}} r_w}{\mu} = \frac{4\rho \bar{\boldsymbol{v}} S_e}{\mu l_p} \tag{4-14}$$

其中

$$S_e = \frac{\pi}{4}(D^2 - d^2) \tag{4-15}$$

$$l_p = \pi(D + d) \tag{4-16}$$

式中,D——圆环管道外直径;

d——圆环管道内直径。

将式(4-15)和式(4-16)代入式(4-14),整理得

$$R_e = \frac{2\rho \bar{\boldsymbol{v}} h_0}{\mu} \tag{4-17}$$

油水混合物在抽油泵及地面管线中的流动过程中常以油水乳状悬浮液的形式存在,计算牛顿流体的油水混合物的动力黏度时常使用乳状液的黏度表达式,分别为式(4-18)和式(4-19),即

$$\mu = \mu_o(1 + 2.5f_W + 14.1f_W^2) \tag{4-18}$$

式中，μ_o——原油的动力黏度，Pa·s；

f_W——油水混合物的体积含水率。

$$\mu = \mu_o(1 + 2.5f_W + 2.19f_W^2 + 27.45f_W^3) \tag{4-19}$$

基于流体力学理论分析、计算平均流速 $\bar{\boldsymbol{v}}$，进而得到软柱塞-泵筒副间隙流体的雷诺数。在图 4-1 中，若初始安装后软柱塞与泵筒截面为同心圆环，则令 $r = kR$，当 $k = 0$ 时，采用圆管流动方法计算流体的平均速度；当 $k \to 1$ 时，即内、外两同心筒半径近似相等时，应根据缝隙流体理论进行研究。由于抽油泵多级软柱塞与泵筒之间的间隙较小（一级泵柱塞与泵筒的配合间隙为 0.025～0.088 mm），因此可按缝隙流体理论来分析流体的流动。

软柱塞与泵筒圆环缝隙中的层流属于一维不可压缩稳态流动，取流体的微元，如图 4-2 所示。

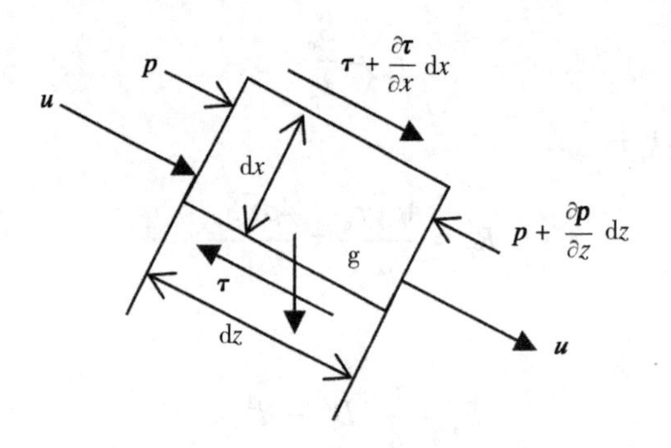

图 4-2　缝隙中层流流体的微元

根据牛顿内摩擦定律，液体层流运动时液层的剪应力（单位为 N/m^2）为

$$\boldsymbol{\tau} = \mu \frac{d\boldsymbol{u}}{dx} \tag{4-20}$$

式中，$\frac{d\boldsymbol{u}}{dx}$——流体的速度梯度。

力平衡方程为

$$\sum \boldsymbol{F}_z = -\boldsymbol{\tau}dz + \left(\boldsymbol{\tau} + \frac{\partial \boldsymbol{\tau}}{\partial x}dx\right)dz + \boldsymbol{p}dx - \left(\boldsymbol{p} + \frac{\partial \boldsymbol{p}}{\partial z}dz\right)dx + \rho g\cos\beta dz dx = 0 \tag{4-21}$$

化简得剪应力方程为

$$\frac{\partial \boldsymbol{\tau}}{\partial x}=\frac{\partial \boldsymbol{p}}{\partial z}-\rho g\cos\beta=\frac{\partial \boldsymbol{p}^{*}}{\partial z} \tag{4-22}$$

式中，$\boldsymbol{\tau}$ ——剪应力，N/m^2；

ρ ——管中流体的密度，kg/m^3；

g——重力加速度；

β ——圆环管道轴线与竖直方向的夹角，°。

由式(4-22)可得

$$\boldsymbol{p}^{*}=\boldsymbol{p}-\rho gz\cos\beta \tag{4-23}$$

对式(4-22)积分可得

$$\boldsymbol{\tau}=\frac{\partial \boldsymbol{p}^{*}}{\partial z}x+C_1 \tag{4-24}$$

联立式(4-20)和式(4-24)，可得

$$\mu\frac{\mathrm{d}\boldsymbol{u}}{\mathrm{d}x}=\frac{\partial \boldsymbol{p}^{*}}{\partial z}x+C_1 \tag{4-25}$$

对式(4-25)积分，可得适用于牛顿流体的速度分布方程

$$\boldsymbol{u}=\frac{1}{\mu}\frac{\partial \boldsymbol{p}^{*}}{\partial z}\frac{x^2}{2}+\frac{C_1}{\mu}x+C_2 \tag{4-26}$$

多级软柱塞运行时沿流动方向存在向下的压力差，同时软柱塞以速度 $\boldsymbol{v}$ 相对于泵筒壁面移动，软柱塞与泵筒的圆环截面的边界条件为

$$\left.\begin{aligned}\boldsymbol{u}\Big|_{x=0}&=0\\ \boldsymbol{u}\Big|_{x=h_0}&=\boldsymbol{v}\end{aligned}\right\} \tag{4-27}$$

将式(4-26)带入式(4-27)可得

$$\left.\begin{aligned}C_1&=\frac{\boldsymbol{v}\mu}{h_0}-\frac{\partial \boldsymbol{p}^{*}}{\partial z}\frac{h_0}{2}\\ C_2&=0\end{aligned}\right\} \tag{4-28}$$

将式(4-28)代入式(4-24)和式(4-26)，整理得到软柱塞-泵筒副相对运动时的应力及速度分布，即

$$\boldsymbol{\tau}=-\frac{1}{2}\frac{\partial \boldsymbol{p}^{*}}{\partial z}(h_0-2x)+\frac{\mu\boldsymbol{v}}{h_0} \tag{4-29}$$

$$\boldsymbol{u}=-\frac{h_0^{\ 2}}{2\mu}\frac{\partial\boldsymbol{p}^*}{\partial z}\left[\frac{x}{h_0}-\left(\frac{x}{h_0}\right)^2\right]+\boldsymbol{v}\frac{x}{h_0} \tag{4-30}$$

软柱塞与泵筒的环形缝隙内的流体速度受到压差、缝隙高度、软柱塞滑动速度等因素的影响，缝隙流体的流动包含缝隙上、下两端压力差引起的压差流动和软柱塞与泵筒的相对运动产生的剪切流动两种形式。由于环形缝隙高度相对于长度较小，可近似忽略，故可将软柱塞与泵筒的环形流动模型简化成两个平行板的流动模型，如图 4-3 所示。

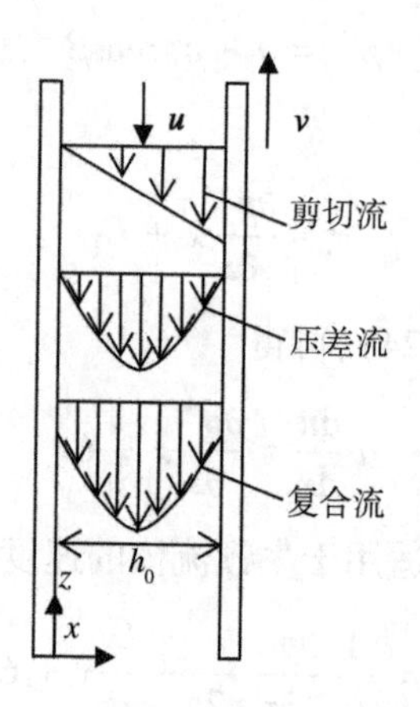

图 4-3　平行板间的缝隙流动模型

对于图 4-3，设左、右平板分别为软柱塞-泵筒副中的泵筒、软柱塞，即 $x=0$ 为泵筒内表面，$x=h_0$ 为软柱塞外表面，则左平板处于静止状态，右平板相对于左平板以速度 $\boldsymbol{v}$ 运行。压差引起的流动和剪切产生的流动线性叠加，前者呈抛物线分布，后者呈线性分布。

对式(4-30)积分，可得平均速度

$$\bar{\boldsymbol{v}}=\frac{1}{h_0}\int_0^{h_0}\boldsymbol{u}\mathrm{d}x=\frac{1}{h_0}\int_0^{h_0}\left\{-\frac{h_0^{\ 2}}{2\mu}\frac{\partial\boldsymbol{p}^*}{\partial z}\left[\frac{x}{h_0}-\left(\frac{x}{h_0}\right)^2\right]+\boldsymbol{v}\frac{x}{h_0}\right\}\mathrm{d}x=-\frac{h_0^{\ 2}}{12\mu}\frac{\partial\boldsymbol{p}^*}{\partial z}+\frac{\boldsymbol{v}}{2} \tag{4-31}$$

$\boldsymbol{p}^*=\boldsymbol{p}-\rho gz\cos\beta$，抽油泵上下运行，因此 $\cos\beta=1$，$z=l$（软柱塞的长度）。在上冲程中，软柱塞与泵筒缝隙处流体的入口、出口压力分别为 $\boldsymbol{p}_1$、$\boldsymbol{p}_2$，即受到长度为 l 的缝隙流的沿程阻力后，压力由 $\boldsymbol{p}_1$ 降为 $\boldsymbol{p}_2$，则 $\frac{\partial\boldsymbol{p}^*}{\partial z}=\frac{\partial\boldsymbol{p}}{\partial z}=\frac{\Delta\boldsymbol{p}}{l}$（$\Delta\boldsymbol{p}$ 为软

柱塞上、下压差)，代入(4-31)整理得

$$\bar{v} = -\frac{h_0^{\ 2}}{12\mu}\frac{\Delta p}{l} + \frac{v}{2} \tag{4-32}$$

临界雷诺数是判定液体流动状态的指标参数，液体的雷诺数大于临界雷诺数时为湍流状态，反之为层流状态。液体流经的管道截面形状与临界雷诺数大小相关，具体如表 4-1 所示。

表 4-1　不同截面形状的临界雷诺数

管道截面形状	正方形	三角形	同心圆环	不同心圆环
临界雷诺数	2070	1930	1100	1000

根据式(4-32)计算流体的平均流动速度，结果表明工作过程中环形缝隙中介质的平均流动速度不大，代入式(4-17)计算软柱塞与泵筒环形缝隙流体的雷诺数。计算所得的雷诺数小于临界雷诺数(查表 4-1 可知临界雷诺数为 1100)，此时黏滞力起主导作用，不会产生湍流，即软柱塞与泵筒的环形缝隙中流体为层流流动。

4.2　软柱塞双向流固耦合模型的建立

4.2.1　流体力学控制方程

软柱塞-泵筒副间油液的流动满足连续性方程，在笛卡儿坐标系中，流体的任一六面体控制单元满足

$$\frac{\partial \rho}{\partial t} + \square \cdot (\rho \boldsymbol{v}_a) = 0 \tag{4-33}$$

式中，$\boldsymbol{v}_a$——流体中某点的流动速度，m/s；

t——时间，s。

式(4-33)为连续性方程的偏微分形式，是一种基于空间位置固定的无穷小

微团模型,流出微团的净质量等于微团总质量的减少,即质量守恒方程。其中哈密顿算子满足

$$\Box \cdot (\rho \boldsymbol{v}_a) = \frac{\partial(\rho \boldsymbol{u}_0)}{\partial x} + \frac{\partial(\rho \boldsymbol{v}_0)}{\partial y} + \frac{\partial(\rho \boldsymbol{w}_0)}{\partial z} \tag{4-34}$$

式(4-34)可描述为

$$\frac{\partial \rho}{\partial t} + \frac{\partial(\rho \boldsymbol{u}_0)}{\partial x} + \frac{\partial(\rho \boldsymbol{v}_0)}{\partial y} + \frac{\partial(\rho \boldsymbol{w}_0)}{\partial z} = 0 \tag{4-35}$$

式中,ρ ——流体的密度,对于不可压缩流体为常数,kg/m^3;

$\boldsymbol{u}_0$、$\boldsymbol{v}_0$、$\boldsymbol{w}_0$——流体的速度矢量在 x、y、z 方向上的分矢量,m/s。

软柱塞-泵筒副间的油液满足动量守恒方程,对于运动的流体微团,满足

$$\left.\begin{aligned}
\frac{\partial(\rho \boldsymbol{u}_0)}{\partial t} + \Box \cdot (\rho \boldsymbol{u}_0 \boldsymbol{v}_a) &= -\frac{\partial \boldsymbol{p}_0}{\partial x} + \frac{\partial \boldsymbol{\tau}_{xx}}{\partial x} + \frac{\partial \boldsymbol{\tau}_{yx}}{\partial y} + \frac{\partial \boldsymbol{\tau}_{zx}}{\partial z} + \rho \boldsymbol{f}_x \\
\frac{\partial(\rho \boldsymbol{v}_0)}{\partial t} + \Box \cdot (\rho \boldsymbol{v}_0 \boldsymbol{v}_a) &= -\frac{\partial \boldsymbol{p}_0}{\partial y} + \frac{\partial \boldsymbol{\tau}_{xy}}{\partial x} + \frac{\partial \boldsymbol{\tau}_{yy}}{\partial y} + \frac{\partial \boldsymbol{\tau}_{zy}}{\partial z} + \rho \boldsymbol{f}_y \\
\frac{\partial(\rho \boldsymbol{w}_0)}{\partial t} + \Box \cdot (\rho \boldsymbol{w}_0 \boldsymbol{v}_a) &= -\frac{\partial \boldsymbol{p}_0}{\partial z} + \frac{\partial \boldsymbol{\tau}_{xz}}{\partial x} + \frac{\partial \boldsymbol{\tau}_{yz}}{\partial y} + \frac{\partial \boldsymbol{\tau}_{zz}}{\partial z} + \rho \boldsymbol{f}_z
\end{aligned}\right\} \tag{4-36}$$

式中,$\boldsymbol{u}_0$、$\boldsymbol{v}_0$、$\boldsymbol{w}_0$——流体的速度张量;

$\boldsymbol{\tau}_{ij}$ ——j 方向的应力作用在垂直于 i 轴的平面上产生的黏性应力,Pa;

p_0——流体微团上产生的瞬时压强,Pa;

$\boldsymbol{f}_i$ ——在 i 方向的单位质量分力,m/s^2。

式(4-36)又称 N-S 方程,其本质是一种基于牛顿第二定律的流动模型。根据物质导数的定义,方程左侧可描述为

$$\left.\begin{aligned}
\rho \frac{\mathrm{D}\boldsymbol{u}_0}{\mathrm{D}t} &= \frac{\partial(\rho \boldsymbol{u}_0)}{\partial t} + \Box \cdot (\rho \boldsymbol{u}_0 \boldsymbol{v}_a) \\
\rho \frac{\mathrm{D}\boldsymbol{v}_0}{\mathrm{D}t} &= \frac{\partial(\rho \boldsymbol{v}_0)}{\partial t} + \Box \cdot (\rho \boldsymbol{v}_0 \boldsymbol{v}_a) \\
\rho \frac{\mathrm{D}\boldsymbol{w}_0}{\mathrm{D}t} &= \frac{\partial(\rho \boldsymbol{w}_0)}{\partial t} + \Box \cdot (\rho \boldsymbol{w}_0 \boldsymbol{v}_a)
\end{aligned}\right\} \tag{4-37}$$

软柱塞-泵筒副间的油液除了满足上述质量守恒方程和动量守恒方程外,还应遵守能量守恒定律,微团内能量的变化率为流入微团内的净热流量与体积力、表面力对微团做功的功率之和,即

$$
\begin{aligned}
&\frac{\partial}{\partial t}\left[\rho\left(e_{\mathrm{i}}+\frac{\boldsymbol{v}_a{}^2}{2}\right)\right]+\square\cdot\left[\rho\left(e_{\mathrm{i}}+\frac{\boldsymbol{v}_a{}^2}{2}\right)\boldsymbol{v}_a\right]\\
&=\rho\dot{q}+\frac{\partial}{\partial x}\left(k_0\frac{\partial T_0}{\partial x}\right)+\frac{\partial}{\partial y}\left(k_0\frac{\partial T_0}{\partial y}\right)+\frac{\partial}{\partial z}\left(k_0\frac{\partial T_0}{\partial z}\right)-\frac{\partial(\boldsymbol{u}_0\boldsymbol{p})}{\partial x}-\frac{\partial(\boldsymbol{v}_0\boldsymbol{p})}{\partial y}-\frac{\partial \boldsymbol{w}_0(\boldsymbol{u}_0\boldsymbol{p})}{\partial z}\\
&+\frac{\partial(\boldsymbol{u}_0\boldsymbol{\tau}_{xx})}{\partial x}+\frac{\partial(\boldsymbol{u}_0\boldsymbol{\tau}_{yx})}{\partial y}+\frac{\partial(\boldsymbol{u}_0\boldsymbol{\tau}_{zx})}{\partial z}+\frac{\partial(\boldsymbol{v}_0\boldsymbol{\tau}_{xy})}{\partial x}+\frac{\partial(\boldsymbol{v}_0\boldsymbol{\tau}_{yy})}{\partial y}+\frac{\partial(\boldsymbol{v}_0\boldsymbol{\tau}_{zy})}{\partial z}+\frac{\partial(\boldsymbol{w}_0\boldsymbol{\tau}_{xz})}{\partial x}\\
&+\frac{\partial \boldsymbol{w}_0(\boldsymbol{v}_0\boldsymbol{\tau}_{yz})}{\partial y}+\frac{\partial \boldsymbol{w}_0(\boldsymbol{v}_0\boldsymbol{\tau}_{zz})}{\partial z}+\rho\boldsymbol{f}\boldsymbol{v}_a
\end{aligned}
\tag{4-38}
$$

式中，T_0——温度，℃；

k_0—流体的传热系数；

e_{i}—内能，J。

黏性流动是一种包括摩擦、热传动和质量扩散现象且使流体熵值增加的耗散性流动，黏性流动的动量方程被称为 N-S 方程。现代的计算流体力学文献中将该术语扩大到质量守恒、动量守恒和能量守恒整个控制方程组的求解形式，即式(4-35)、式(4-36)和式(4-38)统称为黏性流动的 N-S 方程。软柱塞-泵筒副间的油液处于层流状态，属于三维连续不可压缩的牛顿黏性流动，在摩擦力的作用下使流体“黏附”于物面，通常采用 N-S 方程描述其流动特性。N-S 方程是一种混合方程组，方程的性质随着流动条件的变化而变化。在雷诺数较大的情况下，运用 N-S 方程求解黏性不可压缩流体的相关数值存在运算不稳定的现象。

多级软柱塞-泵筒副的配对材料为工程塑料和钢，其中工程塑料的弹性模量相对于钢而言较小。以工程塑料为材质的软柱塞在压差作用下产生微小变形，该变形不仅使软柱塞-泵筒副的初始间隙减小，而且会影响软柱塞-泵筒副流动域的边界情况，以及双向流固耦合计算模型的设置。

4.2.2 双向流固耦合计算流程

双向流固耦合是将流场计算结果加载到固体上，从而在引起固体变形后重新计算流场，它是一个反复迭代的计算过程。双向流固耦合计算中需要设置耦合时间步长，因为变形的固体反过来影响流场，原来的流场网格势必产生变化，因此需要启动动网格模型,会大大增加计算量。抽油泵多级软柱塞的双向流固耦合计算流程如图 4-4 所示。在构建软柱塞几何模型的基础上划分网格并定义边界条件,将其导入 Fluent 的流体模型中,设置计算环境和相关参数,先后开展流体域和固体域的计算工作。同时,将流场作用下的固体变形影响反馈给流体域。在求解流体动力学方程过程中,如果收敛,则导入固体域,加载计算并储存计算数据,将其加载到流固耦合面上继续求解固体域的动力学方程,将固体域的计算结果作为边界条件施加到流体域的动力学计算中直至收敛;如果不收敛且未达到最大步长,则通过调整步长、更新网格或修改边界条件达到收敛的目的。

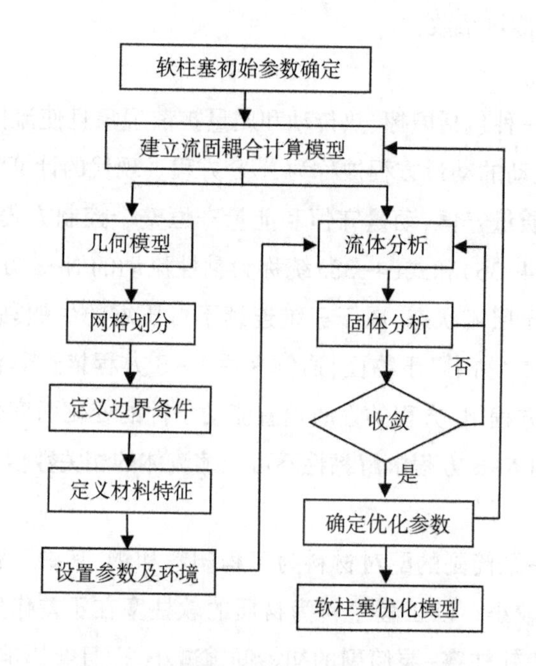

图 4-4　软柱塞双向流固耦合计算流程

抽油泵多级软柱塞的双向流固耦合求解属于非线性问题,具有计算步长短、计算步数多等特点,计算过程中收敛速度及精度对网格质量提出了进一步的要求。

4.2.3 网格划分

这里采用有限元分析软件进行流固耦合的计算分析。ANSYS 软件可以与类似于 CAD 等二维软件、类似于 UG 等三维软件接口,已经成为国际上最流行的有限元分析软件。ANSYS 软件分析功能强大、操作方便,到目前为止,我国已有八九十所各类院校使用 ANSYS 软件进行分析建模,并将其作为标准的教学软件。ANSYS 软件程序提供了完整的布尔运算,它虽不及三维软件精细,但是一般的运算(如加法、减法、除法、连接、复制等运算)都可以进行。创建复杂实体模型时,直线、曲面、实体和基础元素的边界运动可以明显观察出 ANSYS 软件的分析运算,可以显著减少建模工作量。ANSYS 软件的其他功能包括圆弧结构、相切结构、拖动旋转生成曲面、实体、线交点、自动切角生成、网格划分的节分类、创建、移动、复制和删除等。使用 ANSYS 软件时,用户可以先定义关键点,然后按顺序关联其中所需要的线、面和主体。

首先确定分析类型。分析类型包含静力学分析、模态分析。静力学分析指的是通过外力对静态状态下的模型进行力学分析处理。模态指的是机械振动固有的频率,每个模态都有它固有的频率、阻尼比,通过分析模态参数进行的分析就是模态分析。然后确定单元类型。单元类型包含壳单元、实体单元。壳单元包括常规单元和基于连续体的单元。最后确定模型类型。模型类型包含零件、组件。零件是指不能拆卸的最小单元体,例如螺钉、螺母、垫片等。组件是由部分零件拼凑组装而成的。

前处理内容包括建立或导入几何模型、定义材料属性、划分网格。在 ANSYS 软件状态下导入其他软件构建完成的所需要的模型(本书在 UG 中完成),或在 ANSYS 软件里直接建立实体模型。直接建模适用于较小模型、简单模型和规范化模型,允许对每个节点或者单元号进行操作,但需要人工处理的数据信息量较小,效率也相对较低,因此无法实现自适应网格分区。从其他软件导入 ANSYS 软件可以在比较复杂的模型中直接导入,有效减少工作量,效率更加突出,但是成功率会较低。从其他软件导入 ANSYS 软件需要人工处理的步骤较少,可以对节点和单元执行不同的几何运算,支持布尔运算,但是这种方式可能需要大量的 CPU 处理时间,也有可能出现错误的建模信息,导致之前的工作功亏一篑。从其他软件可以导入小而简单的模型,但在某些条件下可能会无效,即程序无法生成有限元网格,也会出现很多 ANSYS 软件识别不出来的片体,导致失败。定义材料属性可以在材料库中查找,由于 ANSYS 内部采用专业英文,因此查找需要消耗一些时间,也可以建立材料,在网上或线下查找有关信息,确定需要的材料属性,通过已知的材料属性进行附属添加。定义网格划分方法包括力学分析、计算流体力学分析、电磁分析、显示分析。网格划分的基本形状分为四面体、六面体、棱锥、棱柱。四面体用于非结构化不规则网格;六面体用于结构化规则网格;棱锥介于四面体和六面体之间;棱柱用于四面体网格被拉伸时。创建网格的同时,有较长的时间进行准备分析:对于一些不重要的部件尽量划分得较为粗糙,这样分析处理的时间较短;对于需要较为精准的重要的部件,尽量划分得较为精细,以便后续更好地处理分析模型。ANSYS 软件使用方便,能高质量地进行网格划分,并能提供强大的优化分析处理功能。映像网格是一种常用的网格划分方法,它可以将复杂模型分解为多种不同的部分模型,因此在映像划分时必须将模型生成规则的图形才能进行网格划分,较为严格。

求解过程包括施加载荷、施加约束、求解。在 ANSYS 软件中,载荷分为六类:自由度约束、集中载荷、表面载荷、体载荷、惯性载荷和耦合场载荷。在此主要运用集中载荷、圆柱面约束。求解建立的模型时,如果进行自动求解,则单击"solve"。如果模型结构较为复杂或者划分网格较为精细,则求解、加载速度较为缓慢,需要耐心等待。有时在其他三维软件上建模后导入 ANSYS 软件中会出现一些问题,导致加载分析失败,此时需要在 ANSYS 软件中进行建模。

检验结果正确性的方法:根据已得出的结果和云图,在确保所有过程准确无误后,选择对应的分支和绘图方式,再从"toolbar"中插入一个"Figure",在绘图区域中单击"report preview",生成 HTML 报告,查阅资料,检验报告中的数据是否与理论值一致。

双向流固耦合计算比单纯流场求解和固体求解计算烦琐、复杂且不易收敛,流体建模采用考虑黏性流体的层流模型,流体与固体分界面的处理方法是计算的关键问题。通常,拉格朗日坐标系作为物质坐标场多用于固体,欧拉坐标系作为空间坐标系多用于流体。因此,采用拉格朗日法完成对软柱塞结构应力的计算,采用欧拉法完成对软柱塞-泵筒副流体域流体动力学方程的求解。任意拉格朗日-欧拉法融合了拉格朗日观点和欧拉观点,是迄今为止应用最广泛的流固耦合分析方法，运动速度为质点速度时转化为拉格朗日坐标系，运动速度为零时即为欧拉坐标系，该方法对解决双向流固耦合局部区域存在大位移问题发挥重要作用。流体网格的划分采用与抽油泵多级软柱塞数值模拟相匹配的笛卡儿坐标系，该网格本质上是一种渗透了浸入边界法原理和思想的切割网格。该网格节点固定在空间上，大变形时不产生纠缠现象，但物质与网格的相对运动使处理对流效应及确定运动边界增加了一定的难度。

双向流固耦合求解尝试不同的网格划分方法，最终确定以结构化网格方式对软柱塞有限元模型进行划分。在有限元计算过程中，软柱塞外部的钢质泵筒可定义为刚体，不存在形变问题，而且软柱塞与泵筒之间采用非接触密封形式，不属于主从接触现象，故不需对泵筒进行网格划分。软柱塞采用精度较高的六面体网格，尽量遵循节点重合的原则，使软柱塞的网格达到稀疏均衡性和一致性的要求。

针对双向流固耦合计算中的流体域变形问题，采用动网格算法实现内部网格之间的节点调节。同时，结合抽油泵软柱塞的变形特点，确定采用局部重构法和弹性光顺法对流体域进行四面体单元网格划分。为了加快双向流固耦合的计算速度，使欧拉坐标系中的坐标轴与流体网格平行。网格过大会降低计算的准确率，网格过小能引起计算压力的堆积问题，综合考虑计算的精度、速度及工况，确定合理的网格大小和数量。如图 4-5 所示，图(a)、图(b)分别描述软柱塞、流体的网格划分情况。软柱塞单元网格节点数为 67705、单元数为 14280；流体单元网格总数为 2869951。

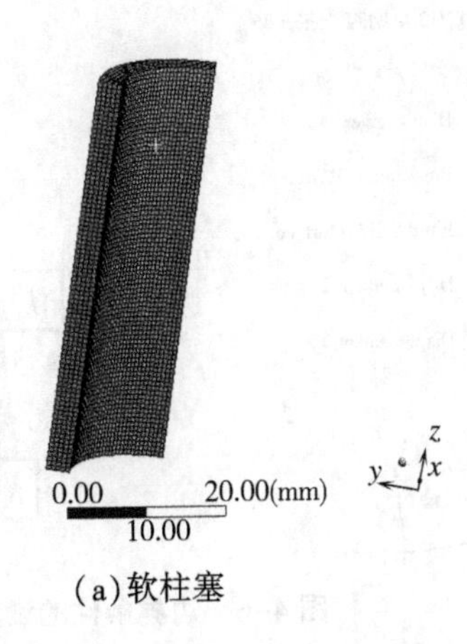

(a)软柱塞

(b)流体

图 4-5 网格划分

4.2.4 边界条件设置

边界条件的设置是影响流固耦合求解结果准确性的主要因素之一。采用 ANSYS Fluent 实现流体域的迭代求解,采用 SIMPLE 算法对控制方程进行求解。本节边界条件的设置如图 4-6 所示。

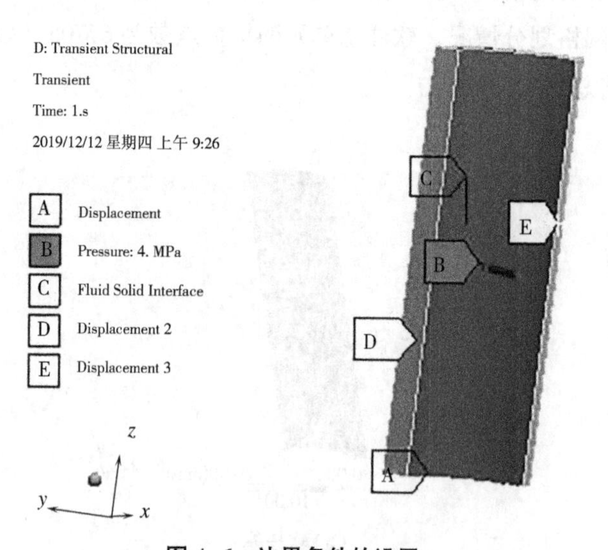

图 4-6 边界条件的设置

(1)位移边界设置

如图 4-6 所示,对软柱塞设置三个约束,分别为对底端面的约束 A、对软柱塞前侧壁 x 轴设置的固定约束 D、对软柱塞后侧壁 y 轴设置的固定约束 E。

(2)流体边界设置

软柱塞上端为油管中液柱压力,下端为沉没压力,软柱塞壁面均满足无滑移条件,流体边界为软柱塞的内外壁面、前后侧壁面及上下端面。将流体入口(泵筒最上端连接油管处,与抽油泵出口处一致)边界和出口边界条件分别设置为压力入口(pressure-inlet)与压力出口(pressure-outlet)。

(3)荷载设置

流体动力黏度值取 1 Pa · s,载荷大小随级数及工况而定。下面以流体入口压力为 6 MPa、出口压力为 4 MPa 的单级聚醚醚酮软柱塞为例进行介绍。在模型简化过程中,流体的入口压力与柱塞内部液相介质的压力相等,故将入口压力数值施加于软柱塞内壁,即软柱塞内壁施加载荷 6 MPa,软柱塞外壁施加载荷 4~6 MPa。当流体入口及出口压力发生变化时,在结构力学模块中施加软柱塞内壁的载荷也随之改变。

为了简化模型,可将软柱塞内部的流体做等载荷处理,将其转换成固定载荷作用在软柱塞上。由于抽油泵每级软柱塞流体的入口压力与软柱塞内部的液体载荷相等,因此将与流体入口压力数值相等的载荷施加于该软柱塞的内壁面。在不同的计算条件下,流体的入口压力发生改变,在结构力学模块中施加于软柱塞内壁的压力也要随之改变。

(4)耦合边界设置

流固耦合边界为软柱塞的自由表面。

(5)步长设置

设定时间步长为 0.005 s。

(6)材料设置

在 Transient Structural 模块中对软柱塞材料属性进行设置。

4.3　不同因素对软柱塞抽油泵泄漏量的影响

软柱塞的长度、厚度以及软柱塞-泵筒副的初始间隙等结构参数与工作压差参数是影响多级软柱塞抽油泵泄漏量的主要因素,研究不同因素对软柱塞抽油泵泄漏量的影响对于研究多级软柱塞抽油泵的分级承压特性及泵效有重要意义。本节以聚醚醚酮软柱塞为研究对象,构建单级四分之一软柱塞计算模型,探索结构参数等因素对泄漏量的影响规律。

4.3.1 软柱塞长度对泄漏量的影响

多级软柱塞抽油泵的泄漏量是衡量抽油泵性能的指标,泄漏量与抽油泵泵效及理论质量排量的关系为

$$Q = (1 - \eta) Q_{理} \tag{4-39}$$

式中,Q ——流体的泄漏量,kg/s;

$Q_{理}$——流体的理论质量排量,kg/s;

η ——泵效。

其中,理论质量排量

$$Q_{理} = \frac{1}{240}\pi D^2 s n_f \rho \tag{4-40}$$

式中,D ——泵筒直径,m;

s ——冲程,m;

n_f ——冲速,次/min;

ρ ——流体密度,kg/m^3。

为了开展多级软柱塞抽油泵的结构设计及参数优化工作,探索多级软柱塞的压力及速度分布,必须明确多级软柱塞抽油泵泄漏量与影响因素的关系。在液相介质条件下,取抽油泵出口压力为 2 MPa、入口压力为 0 MPa,泵筒直径为 30 mm,软柱塞厚度为 3 mm,软柱塞-泵筒副初始间隙分别为 0.40 mm、0.45 mm、0.50 mm、0.55 mm、0.60 mm,分别计算不同长度软柱塞的泄漏量及变形量,如表 4-2 及表 4-3 所示。

表4-2 不同长度软柱塞的泄漏量

软柱塞长度/mm	初始间隙/mm				
	0.40	0.45	0.50	0.55	0.60
	泄漏量/($kg \cdot s^{-1}$)				
30	0.00607	0.00900	0.01275	0.01275	0.02260
35	0.00521	0.00771	0.01092	0.01092	0.01934
40	0.00456	0.00674	0.00955	0.00955	0.01692
45	0.00406	0.00628	0.00849	0.00849	0.01505
50	0.00365	0.00540	0.00750	0.00750	0.01358

表4-3 不同长度软柱塞的变形量

软柱塞长度/mm	初始间隙/mm				
	0.40	0.45	0.50	0.55	0.60
	变形量/mm				
30	0.0890	0.0886	0.0885	0.0883	0.0880
35	0.0903	0.0903	0.0901	0.0899	0.0895
40	0.0916	0.0916	0.0913	0.0910	0.0906
45	0.0927	0.0925	0.0923	0.0920	0.0915
50	0.0935	0.0933	0.0930	0.0926	0.0923

表4-3中的变形量是指上冲程中软柱塞的最大变形量，初始间隙不同时，软柱塞的最大变形量略有差异。为了确定软柱塞最大变形所处位置，并探索相同初始间隙下软柱塞长度对变形的影响情况，取初始间隙为0.40 mm，软柱塞长度分别为40 mm、45 mm、50 mm，进行双向流固耦合计算，得到不同长度软柱塞的变形云图，如图4-7所示。由图4-7可知：软柱塞外壁面的变形量由上至下呈现逐渐增加的变化趋势，最大变形量位于其下部位置；不同初始间隙、不同

软柱塞长度情况下所计算的软柱塞变形云图均满足该变化规律，主要原因是上冲程中软柱塞外壁面下部所受的内、外流体载荷之差较外壁面上部受到的内、外流体载荷之差大；软柱塞的长度是影响变形量的因素之一，保持其他参数为定量时，变形量随着软柱塞长度的增大而增大。

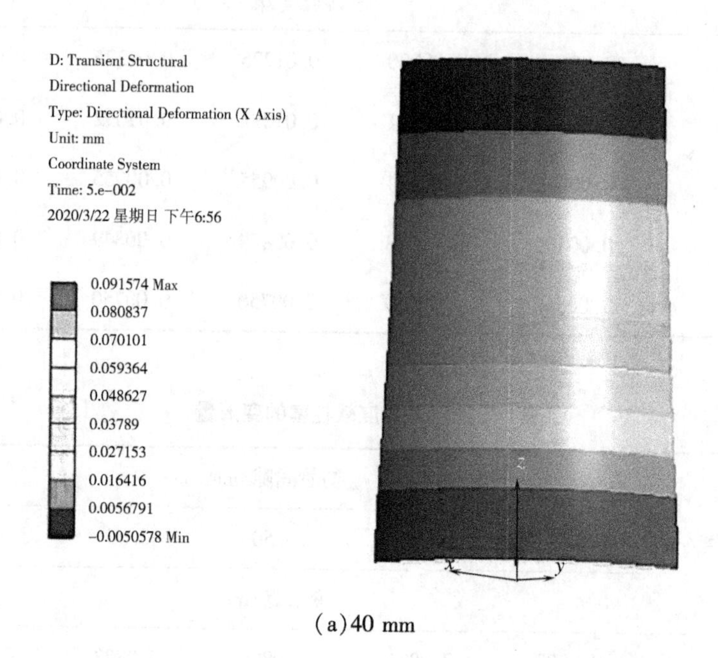

(a) 40 mm

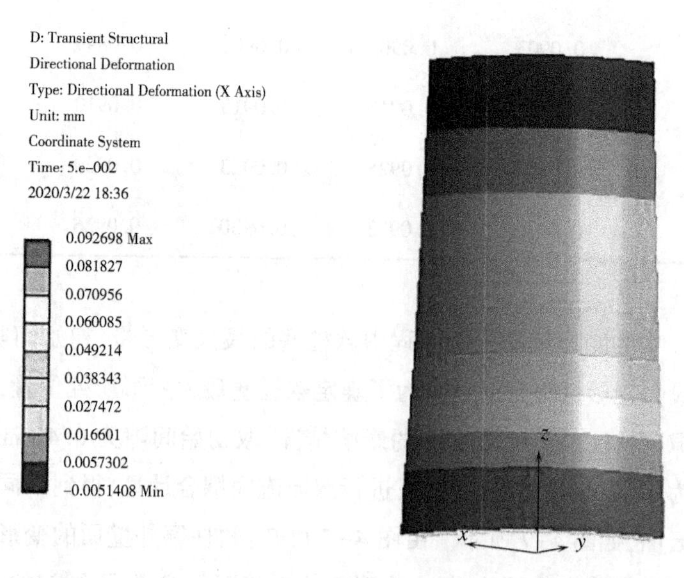

(b) 45 mm

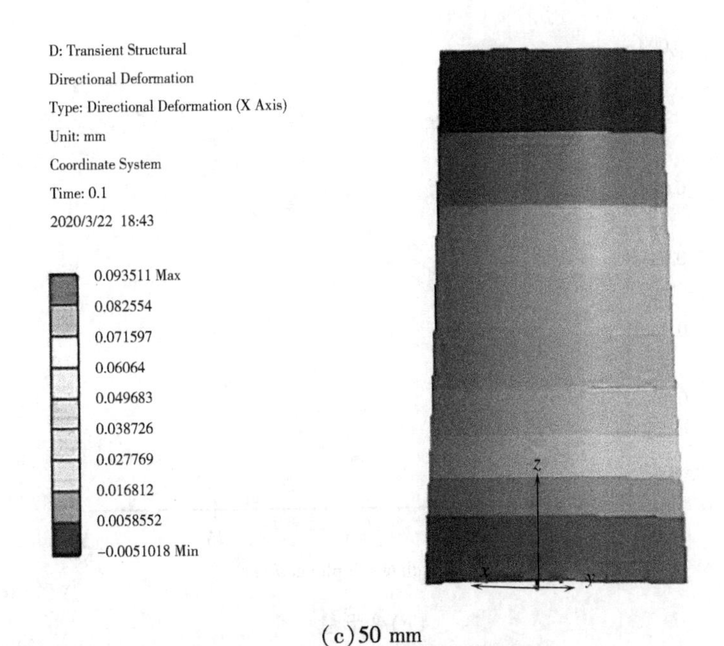

(c)50 mm

图 4-7　不同长度软柱塞的变形云图

针对表 4-2 和表 4-3 中的数据进行曲线拟合，得到抽油泵泄漏量及软柱塞变形量随长度变化的曲线，如图 4-8 所示。

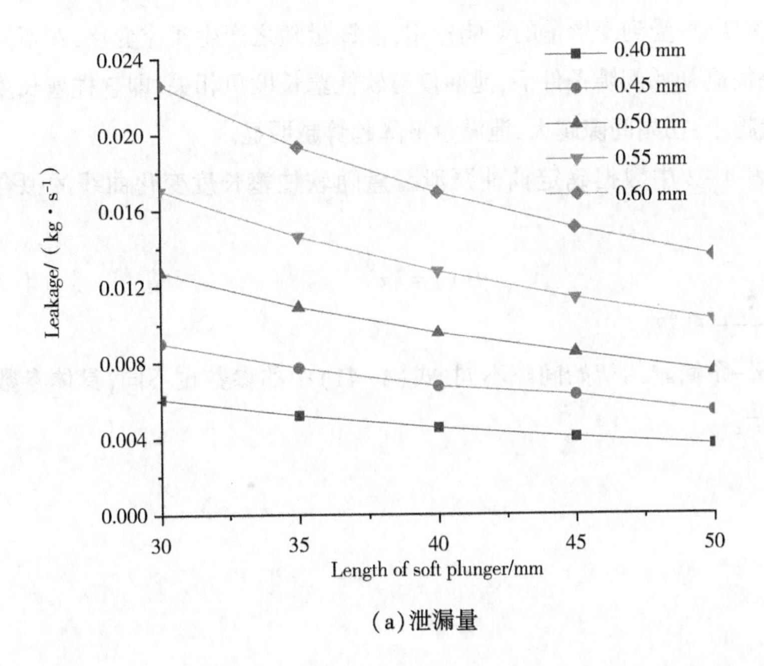

(a)泄漏量

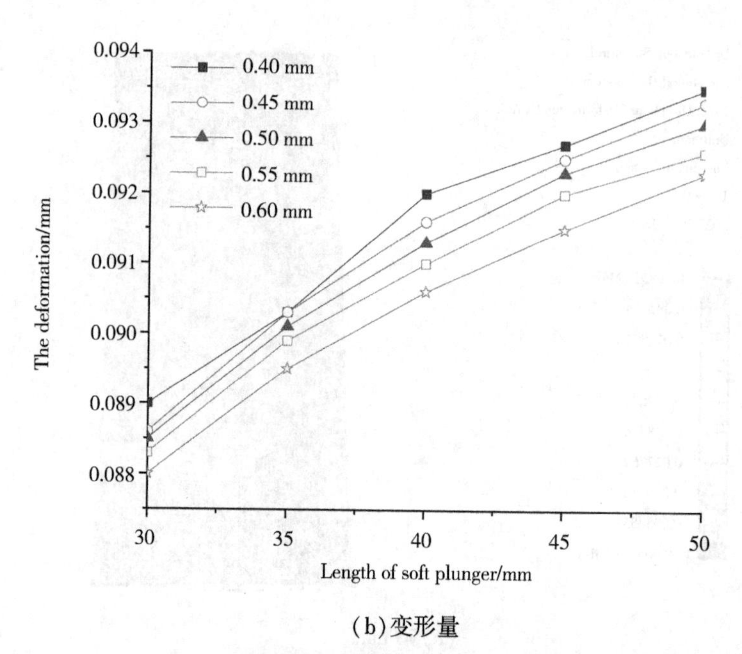

(b)变形量

图 4-8 泄漏量及变形量随软柱塞长度变化的曲线

注:图(a)中纵坐标为泄漏量;图(b)中纵坐标为变形量;图(a)、(b)中横坐标为软柱塞长度。

由图 4-8 可知:变形量随着软柱塞长度的增大而增大,且在不同初始间隙下均满足该规律;受到变形量的影响作用,泄漏量随之产生相应变化,在不同的软柱塞-泵筒副初始间隙条件下,泄漏量与软柱塞长度负相关,即软柱塞长度越大,泄漏量越小;初始间隙越大,泄漏量下降趋势越明显。

根据表 4-2 中数据确定抽油泵泄漏量随软柱塞长度变化曲线的拟合方程为

$$f(x) = kx^b \tag{4-41}$$

式中,k、b ——系数。

软柱塞-泵筒副的初始间隙不同,式(4-41)中的参数也不同,具体参数如表 4-4 所示。

表 4-4　泄漏量与软柱塞长度关系的拟合参数

系数	初始间隙/mm				
	0.40	0.45	0.50	0.55	0.60
k	0.17870	0.23445	0.41444	0.51318	0.67644
b	−0.99441	−0.95913	−1.02303	−1.00098	−0.99955

由抽油泵泄漏量随软柱塞长度变化曲线的拟合方程及参数可知，参数 b 趋近于常数-1，与式(4-11)理论计算模型一致，验证了“多级软柱塞抽油泵的泄漏量随着软柱塞长度的增大而减小”的变化规律。同时，试验结果表明，在相同参数条件下，若保持软柱塞长度参数不变，仅通过改变软柱塞的级数不会对抽油泵的泄漏量产生影响。

4.3.2　软柱塞厚度对泄漏量的影响

软柱塞在上冲程运行中的变形量和泄漏量受软柱塞厚度影响。为了探索两者之间的关系，设定抽油泵出口压力为 2 MPa、入口压力为 0 MPa，软柱塞长度为 50 mm，软柱塞-泵筒副的初始间隙为 0.7 mm，计算此条件下不同厚度软柱塞的变形量及泄漏量，如表 4-5 所示。

表 4-5　不同厚度软柱塞的变形量及泄漏量

厚度/mm	变形量/mm	应力/MPa	泄漏量/($kg \cdot s^{-1}$)
2.0	0.150	14.989	0.0195
2.5	0.115	12.194	0.0211
3.0	0.091	10.334	0.0222
3.5	0.082	6.096	0.0231
4.0	0.062	8.028	0.0237

由表 4-5 中的数据得到泄漏量随软柱塞厚度变化曲线对应的拟合方程为

$$f(x) = ae^{-x/t} + y_0 \tag{4-42}$$

式中，a、t、y_0——系数。

泄漏量与软柱塞厚度关系的拟合参数见表 4-6。泄漏量及变形量随软柱塞厚度变化的曲线如图 4-9 所示。

表 4-6　泄漏量与软柱塞厚度关系的拟合参数

系数	a	t	y_0	均方余量	相关系数
数值	0.06997	3.2168	0.02543	$2.2535E^{-10}$	0.99982

注：$2.2535E^{-10}$ 为 2.2535×10^{-10}。

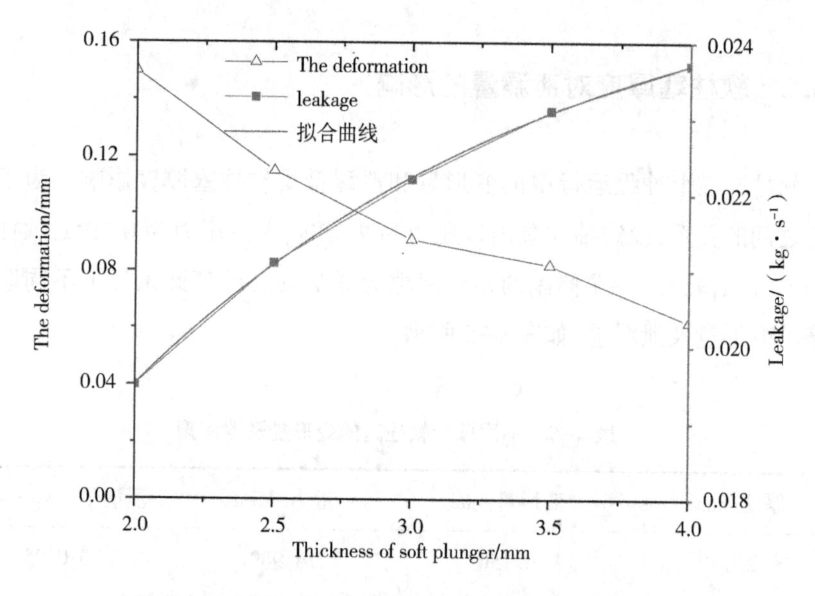

图 4-9　泄漏量及变形量随软柱塞厚度变化的曲线

注：横坐标为软柱塞厚度。

由图 4-9 可知，软柱塞变形量随着软柱塞厚度的增大而减小，泄漏量随着软柱塞厚度的增大而增大。根据拟合曲线及拟合方程，软柱塞-泵筒副的泄漏量与软柱塞厚度存在指数关系。

4.3.3　软柱塞-泵筒副初始间隙对泄漏量的影响

影响抽油泵间隙的主要因素有井下温度、压力及软柱塞所承受的液体重力等,它们都会引起软柱塞-泵筒副的径向形变。取软柱塞长度为 50 mm、厚度为 3 mm,若压差相同,则可设定不同出口压力和入口压力,即抽油泵出口压力分别为 6 MPa、4 MPa、2 MPa,对应的入口压力分别为 4 MPa、2 MPa、0 MPa。采用双向流固耦合方法计算软柱塞-泵筒副不同初始间隙下的泄漏量及变形量,如表 4-7 所示。

表 4-7　不同初始间隙下软柱塞的泄漏量及变形量

初始间隙/mm	泄漏量/($kg \cdot s^{-1}$)			变形量/mm		
	6-4 MPa	4-2 MPa	2-0 MPa	6-4 MPa	4-2 MPa	2-0 MPa
0.75	0.02888	0.02828	0.02768	0.0806	0.0857	0.0908
0.70	0.02328	0.02274	0.02224	0.0811	0.0861	0.0913
0.65	0.01840	0.01800	0.01755	0.0816	0.0867	0.0918
0.60	0.01430	0.01395	0.01358	0.0820	0.0871	0.0923
0.55	0.01087	0.01055	0.01022	0.0824	0.0876	0.0926
0.50	0.00802	0.00776	0.00750	0.0828	0.0879	0.0930
0.45	0.00571	0.00550	0.00540	0.0830	0.0882	0.0933
0.40	0.00398	0.00381	0.00365	0.0832	0.0883	0.0935

由表 4-7 中数据得到软柱塞泄漏量随初始间隙变化曲线的拟合方程为

$$f(x) = ax^{b} \tag{4-43}$$

式中, a、b ——系数。

泄漏量与初始间隙关系的拟合参数见表 4-8。泄漏量及变形量随初始间隙变化的曲线如图 4-10 所示。

表 4-8　泄漏量与初始间隙关系的拟合参数

系数	a	b	均方余量	相关系数
数值	0.06997	3.1268	$2.2535E^{-9}$	0.99997

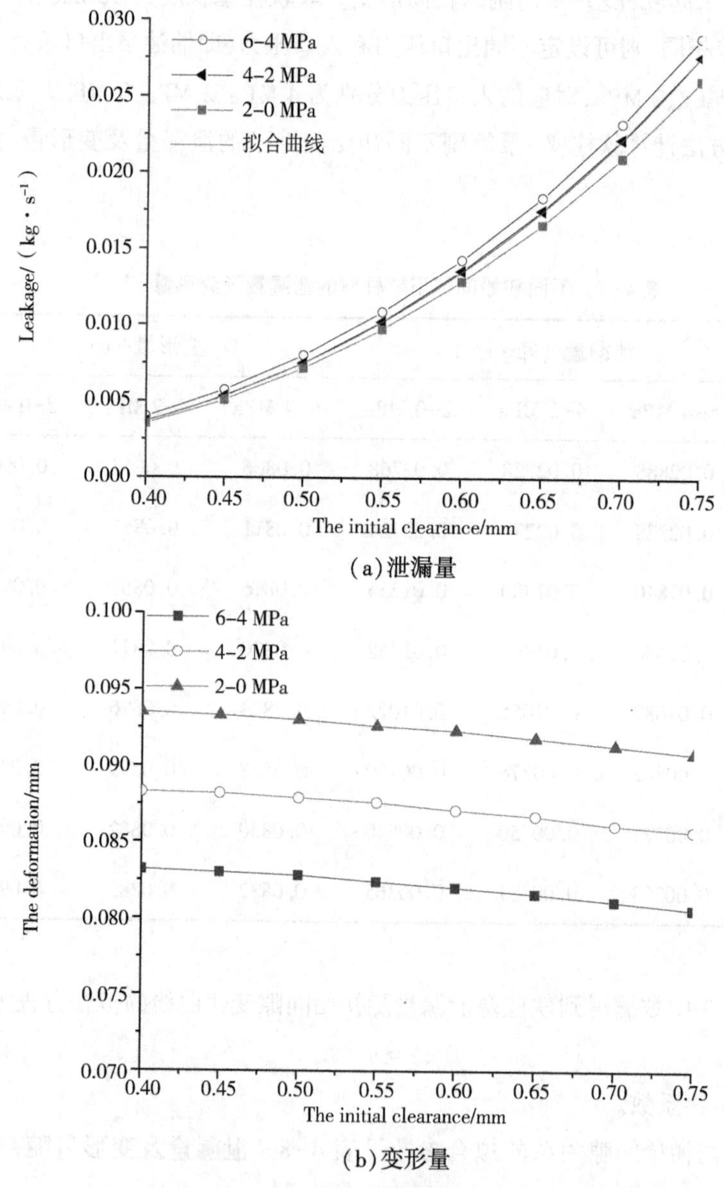

(a)泄漏量

(b)变形量

图 4-10　泄漏量及变形量随初始间隙变化的曲线

注：横坐标为初始间隙。

由图4-10中的拟合曲线可知,随着软柱塞-泵筒副初始间隙的增大,软柱塞的泄漏量增加明显。根据拟合方程得出泄漏量与软柱塞-泵筒副初始间隙近似成三次幂关系。表4-7中的数据表明,为了使每级软柱塞承受相同压差,采用分级计算方法得到不同级的软柱塞泄漏量满足“上一级软柱塞的泄漏量较下一级软柱塞的泄漏量稍大”的变化规律。由流体力学能量守恒定律可知,为了满足每级软柱塞泄漏量恒定的要求,后一级软柱塞-泵筒副的初始间隙较前一级软柱塞-泵筒副的初始间隙略大。

4.3.4　压差对泄漏量的影响

采用双向流固耦合计算方法,在水介质条件下,以抽油泵泵筒内径为30 mm、软柱塞长度为50 mm、软柱塞厚度为3 mm、软柱塞-泵筒副的初始间隙为0.7 mm为计算模型参数,得到不同压差下的泄漏量、变形量、应力、应变等参数,具体数据如表4-9所示。

表4-9　不同压差下的软柱塞参数

压差/MPa	变形量/mm	应力/MPa	应变	泄漏量/($kg \cdot s^{-1}$)
0.5	0.023	2.590	0.0023	0.0064
1.0	0.046	5.178	0.0046	0.0122
1.5	0.068	7.761	0.0069	0.0175
2.0	0.091	10.375	0.0092	0.0222
2.5	0.114	12.893	0.0115	0.0264
3.0	0.136	15.437	0.0138	0.0302
3.5	0.159	17.959	0.0160	0.0335
4.0	0.181	20.467	0.0183	0.0365
4.5	0.202	22.946	0.0205	0.0393

对表4-9中的数据进行曲线拟合,得到软柱塞泄漏量及变形量随压差变化的曲线,如图4-11所示。由图4-11可知,在工作压差作用下,软柱塞变形量及

泄漏量均产生一定的变化。软柱塞变形量随着压差的增大而增大,且趋近于线性规律变化;泄漏量随着压差的增大而增大,但泄漏量的变化率呈现逐渐减小的趋势。在软柱塞抽油泵泵效方面则具体表现为泵效随着压差的增大而降低,且压差越大,泵效降低的幅度越小。

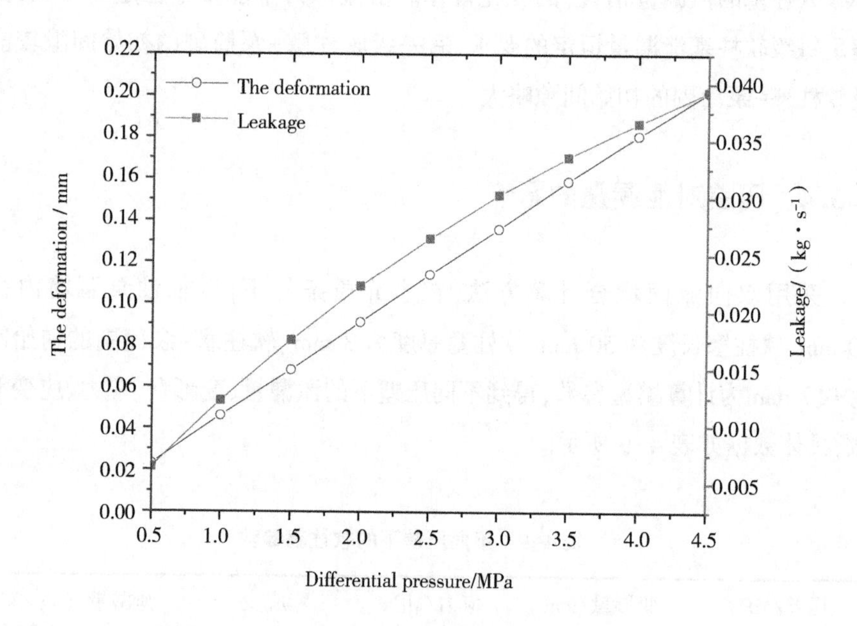

图 4-11　软柱塞泄漏量及变形量随压差变化的曲线

注:横坐标为压差。

通过以上研究可知,软柱塞泄漏量与工作压差正相关,与软柱塞的长度负相关,与软柱塞-泵筒副的初始间隙成三次幂函数关系,与软柱塞厚度成指数函数关系。由表 4-7 可知,当软柱塞-泵筒副的初始间隙、软柱塞的长度、软柱塞的厚度、压差等参数一定时,分别计算不同级软柱塞的泄漏量,结果表明,上一级软柱塞的泄漏量高于下一级软柱塞的泄漏量,显然与流体的质量守恒定律和动量守恒定律相悖,即多级软柱塞抽油泵各级软柱塞的泄漏量应为恒定数值。因此,针对抽油泵每级软柱塞进行泄漏量计算时,必须以质量守恒定律为基本理论依据,以分级承压作为基本准则,即以流体入口处软柱塞为基准,通过改变工作压差、软柱塞-泵筒副的初始间隙、软柱塞的长度、软柱塞的厚度等主要参数,使其他各级软柱塞泄漏量均与流体入口处的软柱塞泄漏量相吻合,其实质也是抽油泵软柱塞结构参数优化过程。针对软柱塞的不同结构参数进行优化，综合考量制造成本与生产效率因素，可以确定软柱塞的长度是诸多参数中较易实现目标优化的参数。

4.4　多级软柱塞抽油泵的长度优化

4.4.1　第一级软柱塞泄漏量

为了达到双向流固耦合算法收敛的目的，随着计算的进行应及时调整参数，也可采取曲线拟合方法计算较小间隙的泄漏量，以解决软柱塞-泵筒副的初始间隙较小致使双向流固耦合计算出现负体积而计算中止的问题。针对两级软柱塞抽油泵，采用拟合方法进行分级计算，建立第一级聚醚醚酮软柱塞四分之一模型，长度为 50 mm，厚度为 3 mm，设入口压力为 4 MPa、出口压力为 2 MPa。泄漏量与初始间隙成三次幂关系，由式(4-6)可知，抽油泵泄漏量不变时，将动力黏度 0.001 Pa · s 改为 1 Pa · s，则间隙变为原来的 10 倍，此时的间隙是指未受到软柱塞变形影响的静态间隙。由于软柱塞发生一定变形，因此它与泵筒的间隙发生变化，两者的比例关系也会受到影响，但小缝隙、小动力黏度液相介质的泄漏量与大缝隙、大动力黏度液相介质的泄漏量仍然存在数值方面的类比关系。分别采用单向流固耦合与双向流固耦合方法，计算初始间隙为 0.40~0.75 mm 时第一级软柱塞的变形量及泄漏量，如表 4-10 所示。

表 4-10　第一级软柱塞的变形量及泄漏量

初始间隙/mm	单向流固耦合		双向流固耦合	
	变形量 χ_1/mm	泄漏量 Q_1/($kg \cdot s^{-1}$)	变形量 χ_2/mm	泄漏量 Q_2/($kg \cdot s^{-1}$)
0.40	0.0902	0.00558	0.0883	0.00381
0.45	0.0895	0.00770	0.0882	0.00550

续表

初始间隙/mm	单向流固耦合		双向流固耦合	
	变形量χ_1/mm	泄漏量Q_1/($kg \cdot s^{-1}$)	变形量χ_2/mm	泄漏量Q_2/($kg \cdot s^{-1}$)
0.50	0.0889	0.01053	0.0879	0.00776
0.55	0.0883	0.01400	0.0876	0.01055
0.60	0.0877	0.01814	0.0871	0.01395
0.65	0.0870	0.02301	0.0867	0.01800
0.70	0.0865	0.02869	0.0861	0.02274
0.75	0.0858	0.03525	0.0857	0.02828

单向/双向流固耦合泄漏量比值

$$q = Q_1/Q_2 \tag{4-44}$$

式中,Q_1——单向流固耦合泄漏量;

Q_2——双向流固耦合泄漏量。

由式(4-44)计算得出第一级软柱塞单向/双向流固耦合泄漏量比值,如表4-11所示。

表4-11 第一级软柱塞单向/双向流固耦合泄漏量比值

初始间隙/mm	0.40	0.45	0.50	0.55	0.60	0.65	0.70	0.75
q/%	1.4646	1.4000	1.3570	1.3270	1.3004	1.2783	1.2617	1.2465

根据表4-11中的数据拟合第一级软柱塞单向/双向流固耦合泄漏量比值随初始间隙变化的曲线,如图4-12所示。

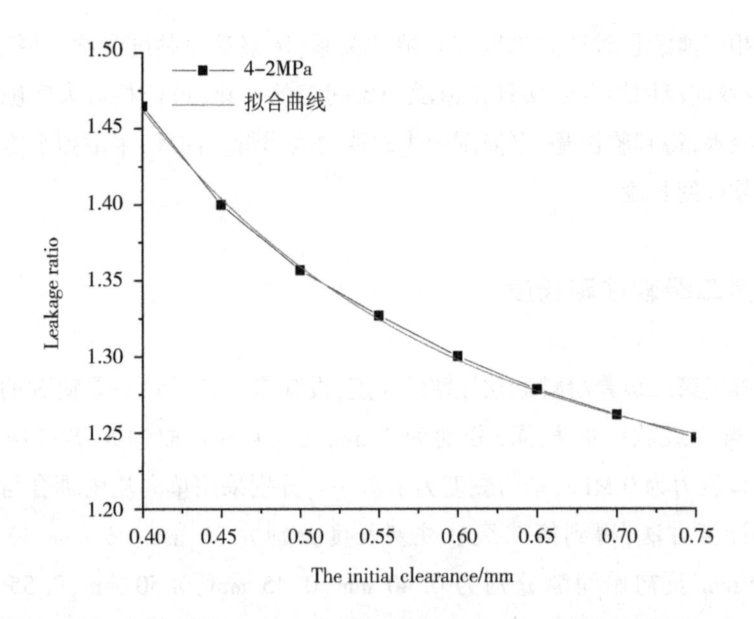

图 4-12　第一级软柱塞单向/双向流固耦合泄漏量比值随初始间隙变化的曲线

注:纵坐标为单向/双向流固耦合泄漏量比值。

同时,得到第一级软柱塞单向/双向流固耦合泄漏量比值随初始间隙变化拟合曲线对应的方程为

$$f(x) = ae^{-x/t} + y_0 \tag{4-45}$$

式中,a、t、y_0——系数。

式(4-45)中具体的参数值如表 4-12 所示。

表 4-12　第一级软柱塞单向/双向流固耦合泄漏量比值随初始间隙变化的拟合参数

系数	a	t	y_0	均方余量	相关系数
数值	2.0100	0.1937	1.2070	$9.4520E^{-6}$	0.9988

当初始间隙 $h_0 = 0.14$ mm 时,单向流固耦合泄漏量为 0.000236 kg/s,将初始间隙和单向流固耦合泄漏量代入式(4-45),则双向流固耦合泄漏量为 0.000108 kg/s。

以上针对软柱塞-泵筒副微小缝隙双向流固耦合数值计算不易收敛问题,

通过探索相同泄漏量时动力黏度与间隙的关系，调整动力黏度参数，并拟合软柱塞单向/双向流固耦合泄漏量比值随初始间隙的变化，进行相对大间隙的泄漏量等值处理，得到软柱塞-泵筒副微小缝隙的泄漏量。同理，采取拟合方法计算第二级软柱塞长度。

4.4.2 第二级软柱塞长度

为了确定第二级聚醚醚酮软柱塞的长度，设其厚度、软柱塞-泵筒副的初始间隙均与第一级软柱塞相同，分别为 3 mm、0. 14 mm，抽油泵出口压力为 2 MPa、入口压力为 0 MPa，动力黏度为 1 Pa · s，分别采用单向流固耦合与双向流固耦合计算方法，得到第二级软柱塞长度分别为 30 mm、35 mm、40 mm、45 mm、50 mm 及初始间隙分别为 0. 40 mm、0. 45 mm、0. 50 mm、0. 55 mm、0. 60 mm 时的泄漏量及单向/双向流固耦合泄漏量比值，如表 4-13、4-14 所示。

对表 4-14 中的数据进行拟合，得到拟合方程——式(4-45)，该式表达了在不同软柱塞长度下单向/双向流固耦合泄漏量比值与软柱塞-泵筒副初始间隙的函数关系。抽油泵软柱塞的长度不同，得到的拟合方程及参数也不相同。当软柱塞的长度分别为 30 mm、35 mm、40 mm、45 mm、50 mm 时，单向/双向流固耦合泄漏量比值随初始间隙变化的拟合方程参数如表 4-15 所示。

当软柱塞-泵筒副初始间隙为 0. 14 mm 时，计算不同软柱塞长度下的单向流固耦合泄漏量，如表 4-16 所示。

根据表 4-16 中的拟合参数、式(4-43)及表 4-15 中的数据，计算初始间隙为 0. 14 mm 时不同软柱塞长度下的双向流固耦合泄漏量，如表 4-17 所示。

表 4-13　第二级软柱塞泄漏量

初始间隙/mm	软柱塞长度/mm									
	30	35	40	45	50	30	35	40	45	50
	单向流固耦合泄漏量/(kg·s^{-1})					双向流固耦合泄漏量/(kg·s^{-1})				
0.40	0.00934	0.00801	0.00700	0.00623	0.00560	0.00607	0.00521	0.00456	0.00406	0.00365
0.45	0.01324	0.01136	0.00994	0.00885	0.00797	0.00900	0.00771	0.00674	0.00600	0.00540
0.50	0.01754	0.01503	0.01317	0.01170	0.01052	0.01275	0.01092	0.00955	0.00849	0.00765
0.55	0.02329	0.01997	0.01747	0.01555	0.01398	0.01705	0.01461	0.01278	0.01137	0.01022
0.60	0.02967	0.02545	0.02228	0.01980	0.01783	0.02260	0.01934	0.01692	0.01505	0.01358

表 4-14 第二级软柱塞单向/双向流固耦合泄漏量比值

初始间隙/mm	软柱塞长度/mm				
	30	35	40	45	50
	单向/双向流固耦合泄漏量比值				
0.40	1.539	1.537	1.535	1.534	1.534
0.45	1.471	1.473	1.475	1.475	1.476
0.50	1.376	1.376	1.379	1.378	1.375
0.55	1.366	1.367	1.367	1.368	1.368
0.60	1.313	1.316	1.317	1.316	1.313

表 4-15 不同软柱塞长度下单向/双向流固耦合泄漏量比值随初始间隙变化的拟合方程参数

系数	软柱塞长度/mm				
	30	35	40	45	50
a	3.528	3.422	2.872	2.762	2.558
t	0.1671	0.1684	0.1855	0.1899	0.2016
y_0	1.220	1.222	1.206	1.202	1.186

表 4-16 不同软柱塞长度下的单向流固耦合泄漏量(初始间隙为 0.14 mm)

软柱塞长度/mm	30	35	40	45	50
单向流固耦合泄漏量/($\times10^{-3}$ kg · s^{-1})	0.404	0.347	0.303	0.283	0.254

表 4-17　不同软柱塞长度下的双向流固耦合泄漏量(初始间隙为 0.14 mm)

软柱塞长度/mm	30	35	40	45	50
双向流固耦合泄漏量/($\times10^{-3}$ kg·s^{-1})	0.1471	0.1279	0.1185	0.1122	0.0982

对表 4-17 中的数据采用 Matlab 软件进行处理,得出初始间隙为 0.14 mm 时软柱塞长度与双向流固耦合泄漏量的拟合方程为

$$f(x) = a_1 e^{(-x/t_1)} + a_2 e^{(-x/t_2)} \tag{4-46}$$

式中,a_1、t_1、a_2、t_2——系数。

软柱塞长度随泄漏量变化的拟合参数见表 4-18。软柱塞长度随泄漏量变化的曲线如图 4-13 所示。

表 4-18　软柱塞长度随泄漏量变化的拟合参数

系数	a_1	t_1	a_2	t_2	相关系数
数值	356.6	0.04356	15.2	-1.117	0.9901

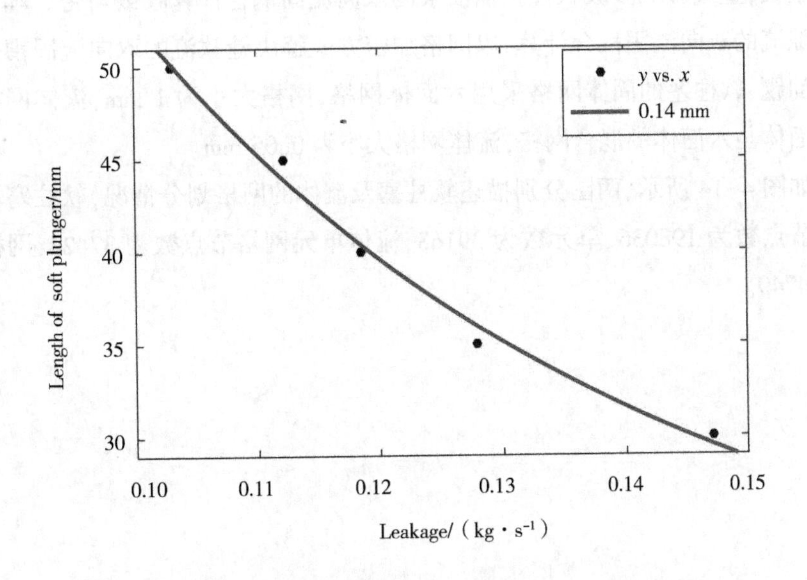

图 4-13　软柱塞长度随泄漏量变化的曲线(初始间隙为 0.14 mm)

采用拟合方法进行缝隙流泄漏量等值处理后，构建多级软柱塞长度优化模型。计算得到初始间隙为 0.14 mm、双向流固耦合泄漏量为 0.108×10^{-3} kg/s 时，第二级软柱塞长度为 47 mm。

4.5 多级软柱塞抽油泵承压特性

为了得到多级软柱塞抽油泵的压力场和速度场，拟构建抽油泵三级软柱塞整体计算模型，采用双向流固耦合方法进行有限元分析与数值计算。该方法与单级软柱塞计算方法不同，仅需设置三级整体计算模型的入口压力及出口压力即可。通过使流经每级软柱塞的质量流量恒定，实现每级软柱塞结构参数的优化，同时验证采用拟合方法进行长度优化计算的正确性。

4.5.1 三级软柱塞网格划分及约束设置

双向流固耦合数据是相互进行传递的，既有计算流体力学的计算结果（如压力及对流载荷）传递给固体结构进行分析，又有固体结构的计算结果（如形变、速度或加速度）反向传递给流场计算分析。网格划分是进行有限元分析计算的基础，直接影响多级软柱塞抽油泵的双向流固耦合计算收敛与否。本节针对缝隙流的双向流固耦合计算，以网格加密方式解决缝隙流的双向流固耦合不收敛问题，软柱塞的固体网格采用六面体网格，网格大小为 1 mm，流体网格采用四面体与六面体的混合网格，流体网格大小为 0.05 mm。

如图 4-14 所示，两图分别描述软柱塞及流体的网格划分情况，软柱塞单元网格节点数为 198036、单元数为 39168，流体单元网格节点数为 37424、网格数为 184749。

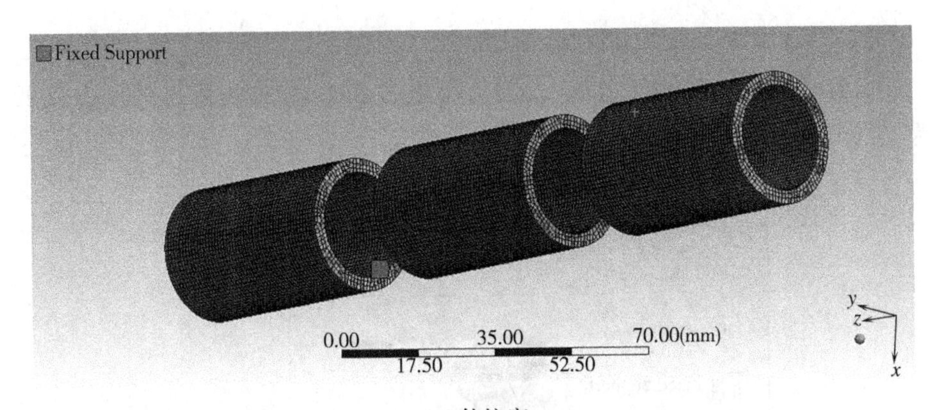

(a)软柱塞

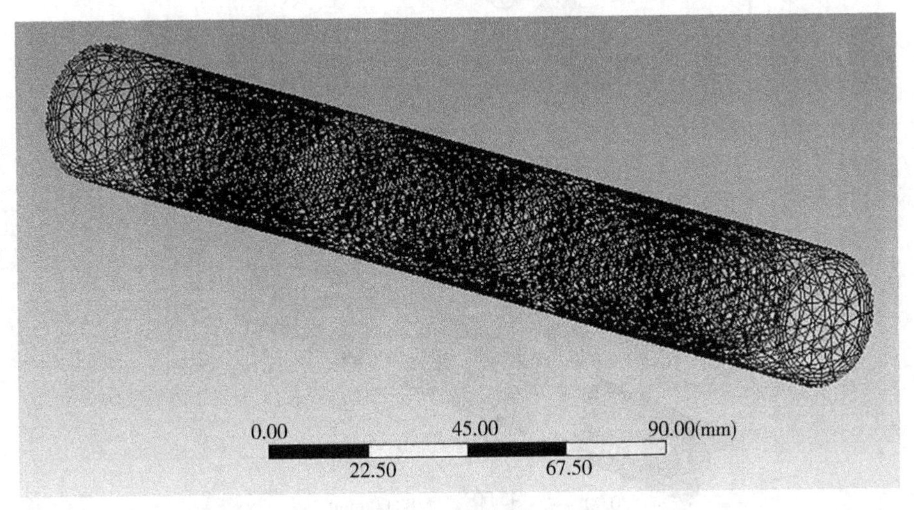

(b)流体

图4-14　网格划分

4.5.2　三级软柱塞边界条件设置

三级软柱塞边界条件的设置如图4-15所示。

(1)位移边界设置

由于每级软柱塞上端面不存在压力差,可视为无径向形变,故将每级软柱塞的入口侧端面施加Fixed Support约束,可限制软柱塞的轴向移动,如图4-15所示。同时,该结构属于中心对称模型,为了避免发生与轴心不同心现象,采取网格加密处理,减少网格质量不足造成的畸变。

(2)荷载设置

设置流体入口压力为 6 MPa、出口压力为 0.1 MPa,设置水的动力黏度为 0.001 Pa·s。

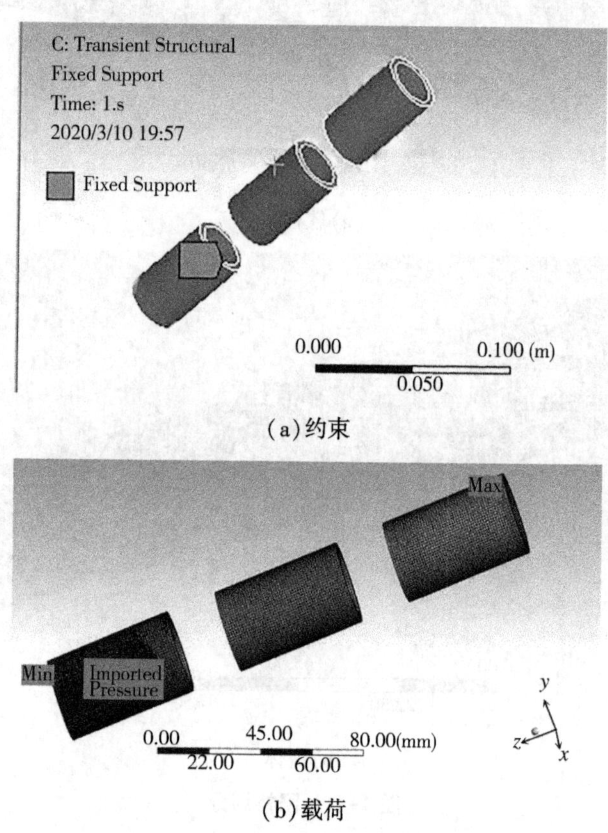

(a)约束

(b)载荷

图 4-15 三级软柱塞约束与载荷的设置

(3)流体边界设置

对于流体边界在 Dynamic Mesh 的 coupled 模块中进行设置,流体耦合范围为软柱塞的全包围面域,包括被约束覆盖的端面,每段底部用 wall 边界封闭,如图 4-16 所示。

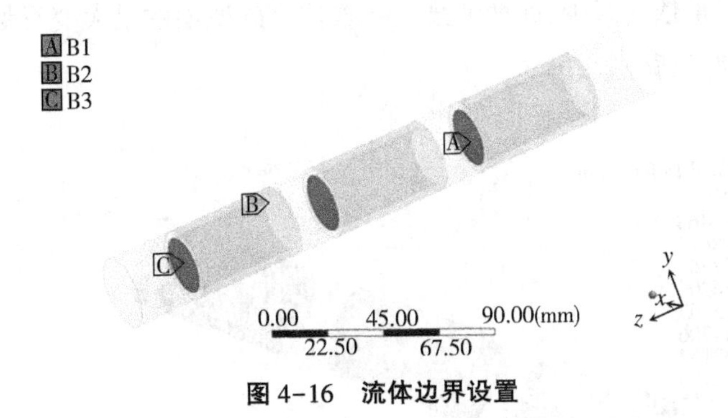

图 4-16　流体边界设置

4.5.3　长度优化后的压力场

抽油泵三级软柱塞初始计算模型：软柱塞长度为 50 mm，软柱塞厚度为 3 mm，软柱塞-泵筒副初始间隙为 0.14 mm，泵筒内径为 30 mm。依据流经每级软柱塞的质量流量恒定的原则进行结构参数优化，由流体入口至流体出口，三个软柱塞分别为第一级软柱塞、第二级软柱塞及第三级软柱塞，采用双向流固耦合方法计算得到质量流量为 0.3868 kg/s，确定优化后的长度参数如表 4-19 所示。由表 4-19 中数据可知，由上至下软柱塞长度遵循依次减小的变化规律。若以 50.0 mm 作为第一级软柱塞的长度，则第二级软柱塞的长度数值模拟计算结果为 47.0 mm，与采用拟合方法进行相对大缝隙泄漏量计算的结果一致，验证了该计算方法进行长度优化的正确性。

表 4-19　三级软柱塞的长度

级数	第一级	第二级	第三级
长度/mm	53.5	50.0	47.0

采用双向流固耦合方法得到抽油泵三级软柱塞变形云图，如图 4-17 所示。由图 4-17 可知，针对单个软柱塞而言，软柱塞外壁面的变形量由上至下逐渐增加，即每级软柱塞外壁面的最大变形量均处于其偏下端位置；针对三级软柱塞整体结构而言，不同级数软柱塞的最大变形量略有差异，第一级至第三级软柱

塞的最大变形量依次减少,即抽油泵三级软柱塞外壁面的最大变形量位于第一级软柱塞的偏下部位置。

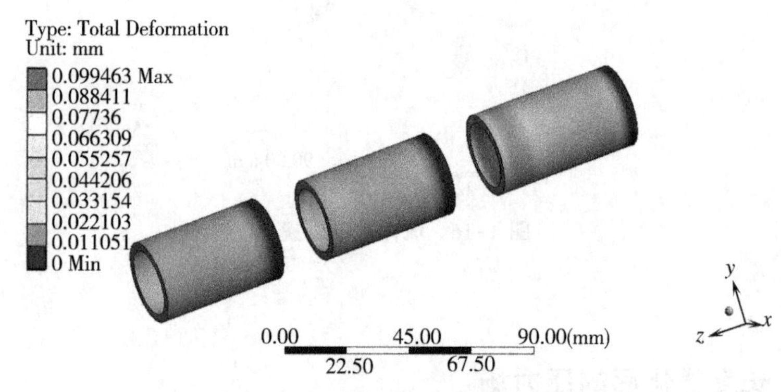

图 4-17　长度优化后的三级软柱塞变形云图

同理,得到三级软柱塞的应力云图,如图 4-18 所示。由图 4-18 可知,每级软柱塞最大应力均位于软柱塞内壁面偏下侧位置;各级软柱塞的最大应力也存在一定区别,第一级软柱塞的最大应力较第二级、第三级软柱塞的最大应力略大,即从流体入口至流体出口,整体三级软柱塞结构满足最大应力依次减小的变化规律。

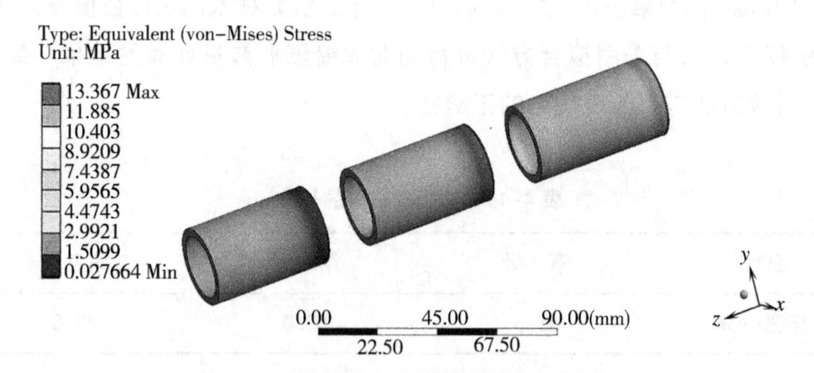

图 4-18　长度优化后的三级软柱塞应力云图

抽油泵多级软柱塞的压力云图及速度云图如图 4-19 所示。由图 4-19(a)可知:每级软柱塞内壁面的压力值与该级软柱塞入口处的压力值相等,且第一、二、三级软柱塞内壁面压力分别约为 6 MPa、4 MPa、2 MPa;软柱塞外壁面与泵筒的垂直环形狭缝中的流体压力呈现连续、递减规律变化，且第一、二、三级软柱塞外壁面上端压力近似为 6 MPa、4 MPa、2 MPa，下端压力近似为 4 MPa、2 MPa、0 MPa；每级软柱塞之间的连接区域存在不明显的压力降低现象。由图 4-19(b)可知，每级软柱塞的流体入口处、出口处分别为最大流速和最小流速所在位置；两级软柱塞相连接区域形成涡流。

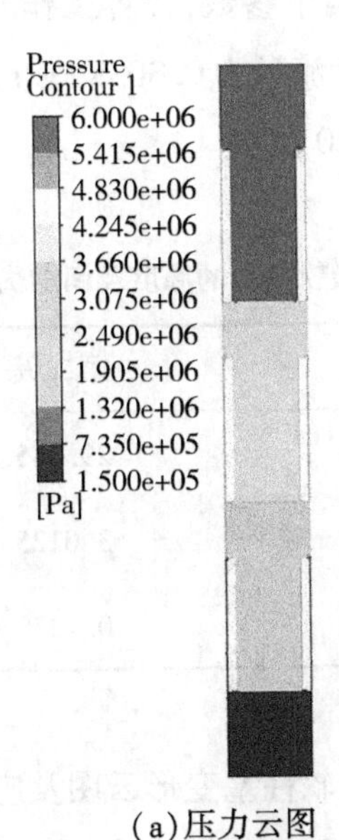

(a)压力云图

(b)速度云图

图 4-19　长度优化后的三级软柱塞压力及速度云图

4.5.4 外径优化后的压力场

软柱塞抽油泵初始计算模型中泵筒内径为30 mm,软柱塞长度为50 mm、内径为23.72 mm,采用软柱塞内径不变、外径改变的方式进行优化,该方式同时改变软柱塞的厚度与初始间隙两个参数,计算工作冗繁、难度较大。通过双向流固耦合计算确定优化后的质量流量为0.3038 kg/s,且第一、二、三级软柱塞厚度及初始间隙优化参数如表4-20所示。

表4-20 三级软柱塞的厚度及间隙优化参数

级数	第一级	第二级	第三级
外径/mm	29.796	29.745	29.720
厚度/mm	3.0380	3.0125	3.0000
初始间隙/mm	0.1020	0.1275	0.1400

计算得出外径优化后的三级软柱塞变形云图及应力云图,如图4-20所示。由图4-20(a)可知,从流体入口至流体出口,软柱塞外壁面的最大变形量依次递减,且最大变形量处于第一级软柱塞的中下部位置,主要是受软柱塞厚度与软柱塞-泵筒副初始间隙的影响。软柱塞厚度由上至下依次减小,引起变形量依次增加,但软柱塞-泵筒副的初始间隙由上至下依次增大,又引起变形量依次降低,但针对某一级软柱塞而言,厚度引起的变形量变化较软柱塞-泵筒副初始间隙引起的变形量变化小。因此,优化后的三级软柱塞能满足流经每级软柱塞的流量保持一致的要求。由图4-20(b)可知,针对单个软柱塞而言,应力由上至下依次增大,即每级软柱塞最大应力均位于其内壁面偏下侧位置;由流体入口至流体出口,三级软柱塞的应力依次减小,即整体结构中最大应力处于第一级软柱塞内壁偏下侧位置。

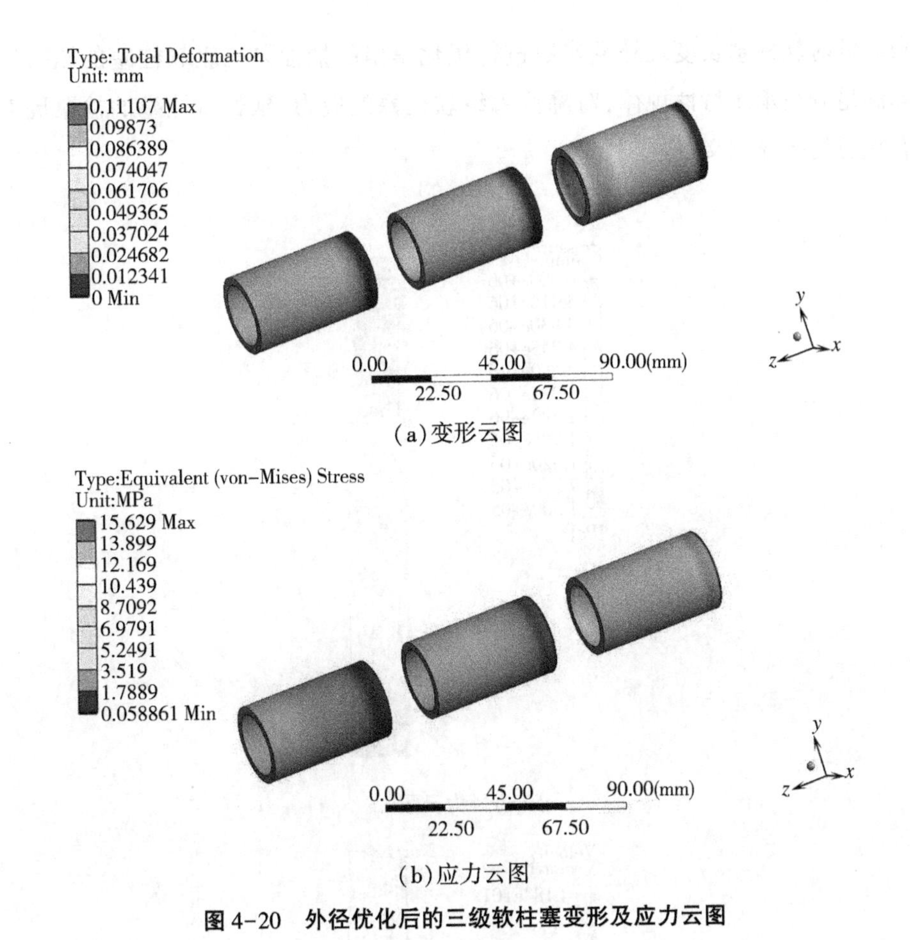

(a)变形云图

(b)应力云图

图4-20　外径优化后的三级软柱塞变形及应力云图

由计算结果可知,聚醚醚酮软柱塞变形量仅为3%~4%,未发生明显变形现象,说明在上、下冲程中聚醚醚酮软柱塞-泵筒副间隙的波动范围小,相对容易实现对抽油泵的间隙控制,获得泄漏量及泵效数值,这与钢质柱塞抽油泵在工作性能方面有相似之处。但是,多级软柱塞抽油泵是一种基于金属-非金属表面接触的物理防垢结构,更加适应三次采油阶段的三元复合驱油井工况。

基于双向流固耦合得到外径优化后的三级软柱塞压力及速度云图,如图4-21所示。由图4-21可知,每级软柱塞上端流体入口处的流速相对于内部流体及软柱塞-泵筒副间隙流体的流速大。软柱塞内壁面的压力等于每级软柱塞入口处压力,进一步验证了分级计算简化模型中对流体做等载荷处理的正确性。软柱塞外壁面流体压力呈递减规律变化,每级软柱塞承受的压差约为2 MPa,由流体入口至流体出口,实现了泵筒副间隙流场压力各级连续、均匀分布。针对软柱塞长度及外径参数进行优化得出的抽油泵三级软柱塞的压力场均满足分级承压特性规律,对降低每级软柱塞的应力、延长软柱塞的检泵周期有重要的指导意义。

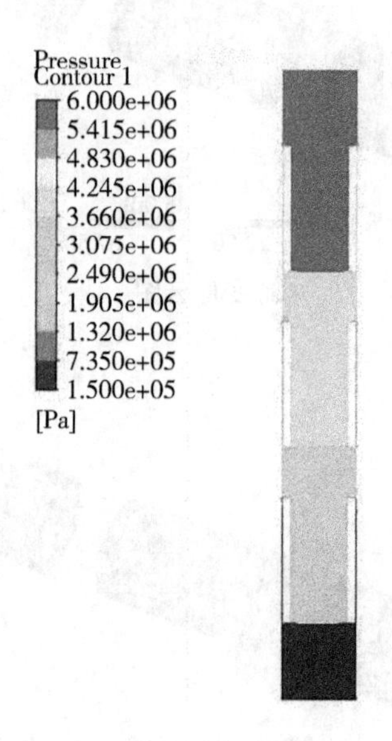

(a)压力云图

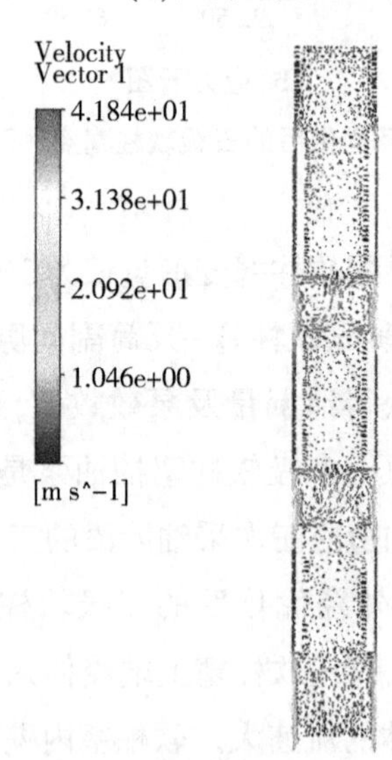

(b)速度云图

图 4-21 外径优化后的三级软柱塞压力及速度云图

4.6 本章小结

①本章依据层流和湍流的判断准则，分析、确定了软柱塞与泵筒间隙流体为层流状态，为流固耦合分析计算提供理论基础；以牛顿流体为出发点，讨论了软柱塞相对运动时的应力和速度分布；通过理论推导得出了运行中软柱塞-泵筒副间隙流体的平均流速及泄漏量。

②本章构建了抽油泵软柱塞双向流固耦合流体域与固体域的缝隙计算模型，计算了抽油泵软柱塞在间隙流体压力作用下的变形，分析了软柱塞的变形对流场的影响；对抽油泵软柱塞的变形量及泄漏量进行曲线拟合，得到了软柱塞长度、软柱塞厚度、软柱塞-泵筒副初始间隙及工作压差等主要参数对泄漏量的影响规律。

③本章基于 Fluent 对三级软柱塞抽油泵进行双向流固耦合分析计算。结果表明，在满足质量守恒的条件下，从流体入口至流体出口，软柱塞长度呈递减规律变化，软柱塞厚度呈递增规律变化，软柱塞-泵筒副初始间隙呈递增规律变化。本章提出了通过改变软柱塞长度及外径实现多级软柱塞抽油泵结构参数优化的方法。

④本章建立了多级软柱塞-泵筒副垂直环形缝隙流计算模型，采用双向流固耦合方法模拟计算了抽油泵软柱塞的流场，结果表明软柱塞-泵筒副间隙内流场中压力各级连续、均匀分布，由此确定了多级软柱塞抽油泵的分级承压特性。

第5章　多级软柱塞抽油泵模拟试验研究

为了探索多级软柱塞抽油泵的压力分布,分析不同结构参数及运行参数对泵效的影响规律,本章设计并建立一系列配套的多级软柱塞抽油泵模拟试验装置,在不同软柱塞长度、软柱塞厚度、软柱塞-泵筒副初始间隙、压差及滑动速度等条件下对抽油泵压力及泵效进行试验研究,旨在对抽油泵多级软柱塞的分级承压特性及双向流固耦合的计算结果进行验证。

5.1　试验方案及设备

本章需要完成对多级软柱塞抽油泵在水介质条件下的分级承压特性试验,测试不同条件下抽油泵的压力和质量流量,探索多级软柱塞抽油泵压力及泵效的变化规律。为了达到该试验的目的,需通过分析多级软柱塞抽油泵在实际工况下的运行状态确定试验方案,并建立一套多级软柱塞抽油泵的模拟试验装置,其原理如图5-1所示。

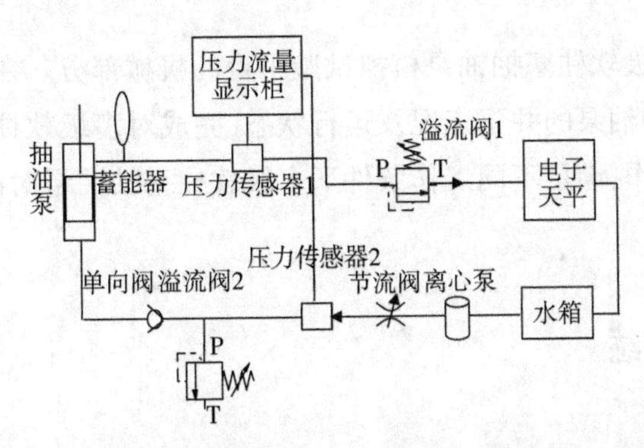

图5-1　多级软柱塞抽油泵分级承压特性模拟试验装置原理图

该试验装置主要由多级软柱塞抽油泵、控制系统、驱动系统、液体流程、蓄能器及辅助设备等组成,各个设备相辅相成,构成一个有机整体,完成抽油泵对液相介质的汲取和排出。下面对该试验装置的核心部分进行相应阐述。

5.1.1 抽油泵及驱动系统

多级软柱塞抽油泵及其驱动系统主要包括以电动机驱动的模拟抽油机、多级软柱塞抽油泵、抽油杆、密封件等,如图 5-2 所示。

图 5-2 多级软柱塞抽油泵模拟试验装置驱动系统

它们构成多级软柱塞抽油泵模拟试验平台的机械部分。在驱动系统的作用下,通过模拟抽油泵的井下工况及运行状态,完成对多级软柱塞抽油泵冲程及冲速的调节工作,满足不同工作条件下多级软柱塞抽油泵对滑动速度、距离及动力的要求。

5.1.2 控制系统

抽油泵及驱动装置的控制系统由变频器、继电器、接触器及低压断路器等组成，可以实现对多级软柱塞抽油泵的电机控制及驱动系统调节。该控制系统的主要作用体现在通过改变变频器的频率使电动机的转速发生变化，得到多级软柱塞抽油泵的不同冲速及滑动速度；通过低压电器完成变频电机正反转控制，实现多级软柱塞抽油泵上冲程和下冲程的运行。除此之外，控制系统还包括对液压部分的控制系统，其可以监测及显示多级软柱塞抽油泵的入口流量、出口流量，并对入口压力及出口压力起到测量和调节作用。

5.1.3　液压系统

如图5-3所示，多级软柱塞抽油泵的液压系统包括入口液体流程和出口液体流程两部分。

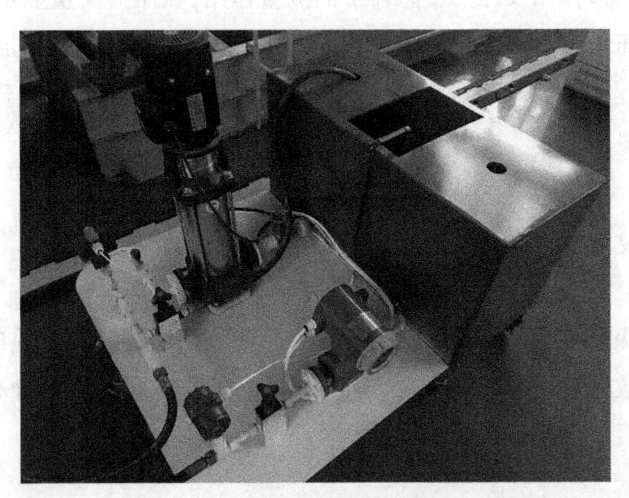

图5-3　抽油泵模拟试验装置液压系统

入口液体流程由离心泵、节流阀、压力传感器2、溢流阀2、单向阀组成，该流程主要实现使多级软柱塞抽油泵吸入液体介质。以水介质为试验对象进行研究，水箱中的吸入液体在离心泵增压作用下进入节流阀和溢流阀2组成的节流调速系统。压差随着节流阀孔径的变小而增大，引起节流阀入口处压力升高，达到一定值后从溢流阀2处泄掉。由于试验中负载变化不大，因此使用没有流量负反馈功能的节流阀可达到控制要求。经过节流阀和溢流阀2的调节作用得到合适的流量及压力，再通过压力传感器2测量并以数显的形式监测吸入液体的压力数值,从而满足多级软柱塞抽油泵对入口压力的调节需要。离心泵主要承担为多级软柱塞抽油泵提供液相介质的任务,节流阀和溢流阀 2 用以实现控制和调节供液量、压力的目的。基于多级软柱塞抽油泵的冲程、冲速、泵筒直径等参数,依据理论质量排量公式[式(4-40)]计算可得到抽油泵吸入液体的质量。

出口液体流程主要由蓄能器、压力传感器 1、溢流阀 1、电子天平等组成,该流程主要实现对多级软柱塞抽油泵的出口端压力进行测量、调节,以及对采出液的质量进行计量。蓄能器作为多级软柱塞抽油泵液压系统中的能量储蓄装置,可以将系统中的能量转变为位能储存起来,当系统需要时,又将该位能转变为液压能释放出来,重新补供给系统,当系统压力瞬间增大时,它能吸收这部分能量,从而保证整个液压系统压力正常。采出液从多级软柱塞抽油泵排出,经溢流阀 1 的调节作用及压力传感器 1 的测量作用,在压力流量显示柜上监测抽油泵的出口压力值。由于试验模拟不同的工况,因此需要调节满足要求的出口压力。该流程中溢流阀起到调节出口压力的作用。电子天平用于计算抽油泵排出液的质量流量。

5.2 多级软柱塞抽油泵分级承压特性

运用多级软柱塞抽油泵试验装置,通过调节抽油泵液相介质的入口压力,测试不同级数软柱塞的出口压力,分析计算每级软柱塞的压力分布,验证多级软柱塞抽油泵的分级承压特性。

5.2.1 上、下冲程

多级软柱塞抽油泵上、下冲程的运动过程如图 5-4 所示。不同工作阶段的软柱塞具有各自的形变特征,研究抽油泵运行过程及软柱塞形变特征有利于进一步理解多级软柱塞抽油泵的分级承压特性。

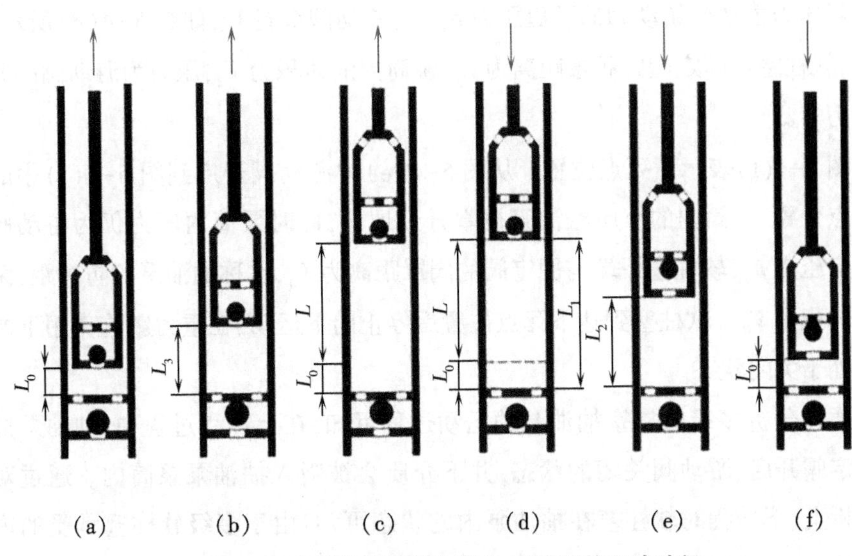

图 5-4　多级软柱塞抽油泵上、下冲程的运动过程

图 5-4(a)表示简易抽油机上冲程初始阶段。此时,游动阀处于关闭状态。由于固定阀的上端所受的泵筒内压力 $\boldsymbol{p}_{\gamma}$ 大于下端所受的井下压力 $\boldsymbol{p}_{j}$,故固定阀也处于关闭状态。此时泵筒内腔形成一个密封的小腔室。

图 5-4(b)表示固定阀开启阶段。抽油泵继续上行过程中,泵筒内压力随着密封腔体积的增大而减小,当压力值达到与固定阀的开启压力 $\boldsymbol{p}_{g}$ 相等时,固定阀开启。此时软柱塞与固定阀的阀罩距离为 L_3,泵筒内的体积为 V_3,压力与固定阀的开启压力 $\boldsymbol{p}_{g}$ 一致。

图 5-4(c)表示运行至上死点。从图 5-4(b)中固定阀开启到图 5-4(c)中上死点位置,固定阀均处于开启状态,多级软柱塞抽油泵将井下介质汲取到泵筒内。此时抽油机的冲程为 L,软柱塞至固定阀的阀罩距离为 L_1,对应的泵筒内体积分别为 V 与 V_1。

图 5-4(d)表示抽油机从上死点位置开始下冲程运行。该位置时泵筒内的压力与固定阀的开启压力 $\boldsymbol{p}_{g}$ 相等,此时固定阀与游动阀均处于关闭状态,多级软柱塞抽油泵泵筒内腔形成一个密封的腔室。

图 5-4(e)表示游动阀开启阶段。随着简易抽油机带动软柱塞向下运行,泵筒内的密封腔体积变小,引起压力升高。从图 5-4(d)中的上死点位置到临界游动阀开启阶段,升高的压力未达到游动阀开启压力,游动阀尚处于关闭状

态。当压力值达到游动阀的开启压力 $\boldsymbol{p}_y$ 时，游动阀被打开，如图 5-4(e)所示。此时，软柱塞与固定阀的阀罩距离为 L_2，泵筒内的体积为 V_2，压力为游动阀的开启压力 $\boldsymbol{p}_y$。

图 5-4(f)表示下死点位置。从图 5-4(e)中游动阀开启到图 5-4(f)中的下死点位置，泵筒内的介质经油管被举升到地面，此时泵筒内压力仍为游动阀的开启压力 $\boldsymbol{p}_y$，软柱塞下端与固定阀的阀罩距离为 L_0，也称抽油泵的防冲距，泵筒内体积为 V_0。软柱塞到达下死点位置后停止向下运动，在重力影响作用下游动阀处于关闭状态。

通过分析多级软柱塞抽油泵的运动过程可知，在上冲程过程中，抽油泵处于固定阀开启、游动阀关闭的状态，井下介质会被吸入抽油泵泵筒内。通过对比分析上、下冲程时软柱塞在抽油泵内的状态可知：由于多级软柱塞承受的内部介质压力大于外部介质压力，故软柱塞外壁面在载荷作用下会发生微小形变，致使软柱塞-泵筒副的初始间隙减小；从软柱塞下行开始，直到其运行至下死点位置，软柱塞内部介质压力与外部介质压力一致，软柱塞会恢复原状。

5.2.2 分级承压特性

以三级软柱塞抽油泵为试验对象，将不同尺寸参数的聚醚醚酮软柱塞套在钢质支撑架上，完成软柱塞与泵筒的间隙配合。对比第 4 章双向流固耦合计算结果(表 4-19 和表 4-20)可知，三级软柱塞的外径尺寸差距较小，相对于软柱塞长度而言，保证其加工精度的难度大。因此，抽油泵多级软柱塞分级承压特性试验先选取长度参数优化后的软柱塞作为试验对象，即确定分级承压特性试验的各级聚醚醚酮软柱塞长度分别为 53.5 mm、50.0 mm、47.0 mm。

通过流体力学理论分析和双向流固耦合的数值模拟计算可知，在综合考虑泵筒形变影响的基础上，抽油泵出口压力(流体入口压力)在冲程损失作用下递减为抽油泵入口压力(流体出口压力)，每级软柱塞压力曲线近似呈线性规律变化。为了研究每级软柱塞压力分布、验证分级承压特性，采用差值计算法开展抽油泵多级软柱塞的分级承压特性试验。固定抽油泵的入口压力，分别测试软柱塞级数不同时抽油泵的出口压力，测定顺序依次为一级软柱塞、二级软柱塞、三级软柱塞。测试一级软柱塞抽油泵时，在调整抽油泵入口压力达到稳定值后,记录其出口压力值,两者之差即一级软柱塞所受压力 $\boldsymbol{p}_1$。将一级软柱塞向上连接另一个软柱塞,构成二级软柱塞。此时,软柱塞级数为2,由上至下依次为第一、二级软柱塞,第二级软柱塞所受的压力 $\boldsymbol{p}_2$ 为二级软柱塞出口压力与第一级软柱塞所受压力 $\boldsymbol{p}_1$ 之差。以此类推,可计算出第三级软柱塞所承受的压力值 $\boldsymbol{p}_3$。

本试验以水液体介质为研究对象,且介质中不含气相。泵筒采用透明聚碳酸酯管加工制成,用以观测抽油泵泵筒内软柱塞的变化情况。设定抽油泵冲程为600 mm,在变频器中调整频率为20 Hz时,抽油泵冲速为6次/min。同时,调整抽油泵入口压力为0.3 MPa。软柱塞抽油泵结构参数:泵筒直径为30 mm,软柱塞长度为50.0 mm,软柱塞厚度为3 mm,软柱塞-泵筒副初始间隙为0.125 mm。分别以一、二、三级软柱塞抽油泵为试验对象,记录不同级数时聚醚醚酮软柱塞的出口压力,并采用差值法计算出每级聚醚醚酮软柱塞承受的压力,如表5-1所示。由表5-1中数据可知,各级软柱塞所受的压力近似相等。

表5-1　每级聚醚醚酮软柱塞承受的压力(长度优化)

软柱塞级数	第一级	第二级	第三级
承压/MPa	2.01	1.98	2.03

为了进一步验证分级承压特性,依据表4-20中的数值模拟计算结果,针对不同的软柱塞外径参数,采用上述压力测试方法进行三级聚醚醚酮软柱塞抽油泵的分级承压特性试验。设定抽油泵冲程为600 mm、冲速为6次/min、入口压力为0.3 MPa,软柱塞长度为50.0 mm、内径为23.72 mm。依次以一、二、三级软柱塞抽油泵为试验对象,测试不同级数时抽油泵出口压力值,并利用差值法得到每级软柱塞所受的压力,如表5-2所示。

表5-2　每级聚醚醚酮软柱塞承受的压力(外径优化)

软柱塞级数	第一级	第二级	第三级
承压/MPa	2.00	2.02	2.01

本节建立结构参数优化后的软柱塞抽油泵试验模型,分别进行长度优化及外径优化后三级软柱塞的分级承压特性试验研究,通过测试软柱塞级数不同时抽油泵的出口压力值,采用差值法得到每级软柱塞所受的压力近似相等,均为2 MPa左右。这验证了多级软柱塞各级均匀承压,与采用双向流固耦合方法数值模拟计算的结果一致。本节通过对多级软柱塞结构进行优化设计,使每级软柱塞压力近似相等。相较于总压力,各级压力明显降低,可以有效延长抽油泵软柱塞的使用寿命。

5.3 多级软柱塞抽油泵泵效

抽油泵实际产量与理论产量的比值称为容积效率,即石油开采中常常提到的泵效。泵效的表达式为

$$\eta = \alpha_0(1 - s_0)\rho_0 \tag{5-1}$$

式中,η ——泵效,%;

α_0——充满系数,进入抽油泵泵筒内液体的体积与柱塞让出的泵内体积之比,%;

s_0——有效冲程,由杆管弹性伸缩引起的冲程损失与光杆冲程的比值;

ρ_0——泵内液体的体积与进入抽油泵泵内的液体体积之比,%。

本节在忽略杆管伸缩弹性变形及固定阀、游动阀、其他部件漏失情况下研究泵效。泵效是多级软柱塞抽油泵重要的工作参数和性能衡量指标,软柱塞的级数、长度、厚度、间隙等结构参数对抽油泵的泵效产生一定的影响,抽油泵的滑动速度及软柱塞压差也是影响抽油泵泵效的因素。为了探索不同结构参数和运动参数对泵效的影响规律,得到多级软柱塞抽油泵的相对精确的试验测试数据,本节采用尺寸精度高的聚醚醚酮软柱塞作为三级软柱塞抽油泵的试验对象,并选用内孔珩磨的45钢质液压缸筒作为抽油泵泵筒。根据抽油泵试验台尺寸,确定泵筒长度为1.8 m、外径为40 mm、内径为30 mm。

5.3.1 结构参数对泵效的影响

5.3.1.1 级数

本试验以一定记录时间内电子天平测量的软柱塞抽油泵出口流程的流体质量为实际质量排量,并根据抽油泵冲程、冲速、液体介质密度等参数得出抽油泵的理论质量排量,两者的比值即为试验测试泵效。软柱塞抽油泵泵筒直径为30 mm,软柱塞的长度为50.0 mm、厚度为3 mm,软柱塞-泵筒副初始间隙为0.125 mm,设定抽油泵冲程为600 mm、冲速为6次/min、出口压力为6 MPa、入口压力为0.3 MPa,试验结果如表5-3所示。

表5-3 不同级数软柱塞抽油泵的泵效

级数	每级长度/mm	理论质量排量/($kg \cdot min^{-1}$)	液体质量/kg	时间/s	实际质量排量/($kg \cdot min^{-1}$)	泵效/%
1	150.0	2.543	1.754	60.38	1.743	68.54
2	75.0	2.543	1.760	60.66	1.741	68.46
3	50.0	2.543	1.776	60.81	1.752	68.90
4	37.5	2.543	1.766	60.29	1.758	69.13
5	30.0	2.543	1.767	60.54	1.751	68.86

对表5-3中的数据进行拟合,得到抽油泵泵效随级数变化的曲线,如图5-5所示。在软柱塞的厚度以及初始间隙、冲程、冲速等参数一定时,通过改变级数和每级软柱塞的长度,使其乘积不变,即保证软柱塞的整体长度不变。由图5-5可知,软柱塞抽油泵的泵效近似一致,该结果可为多级软柱塞抽油泵的结构设计及优化提供理论前提和基础。将软柱塞的级数由单级改为多级,既能满足抽油泵泵效不变的基本要求,又能使多级软柱塞中每级软柱塞承受的压力明显小于单级软柱塞承受的压力。

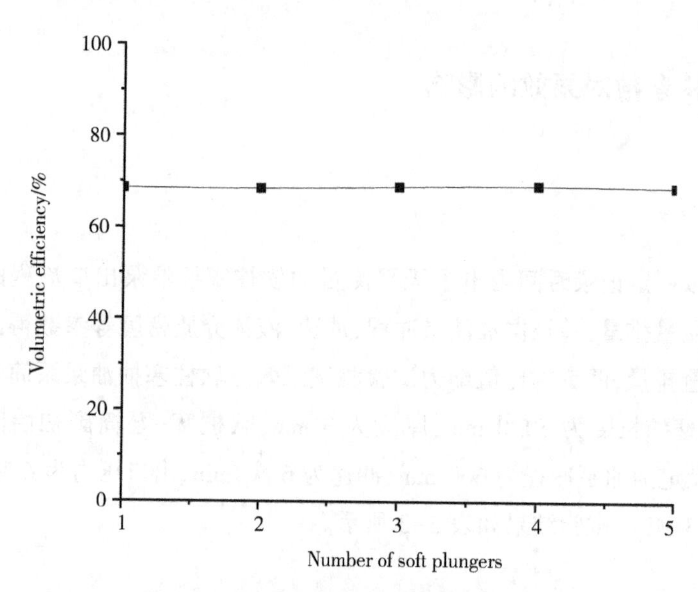

图 5-5 抽油泵泵效随软柱塞级数变化的曲线

注:横坐标为软柱塞级数;纵坐标为泵效。

本节针对抽油泵三级软柱塞进行双向流固耦合数值模拟分析及试验研究,而实际工况中软柱塞的级数受抽油泵举升压力与沉没压力的影响,两者之差为多级软柱塞所承受的总压差。多级软柱塞满足分级承压时,软柱塞级数可通过总压差与每级软柱塞的分压差计算得出。分压差为该级软柱塞与泵筒间隙的沿程压力损失(压力降),可由实际工况进行确定。级数越多,每级软柱塞的分压差越小,软柱塞的应力越小。因此,在满足制造工艺和加工精度的前提下,增加软柱塞的级数对降低每级软柱塞的应力、延长抽油泵的使用寿命有重要的意义。

5.3.1.2 长度

为了研究长度因素对多级软柱塞抽油泵泵效的影响作用,确定本次试验参数:模拟抽油机的冲程为 600 mm、冲速为 6 次/min,泵筒直径为 30 mm,软柱塞级数为 3 级、厚度为 3 mm,软柱塞-泵筒副初始间隙为 0.125 mm,抽油泵出口压力为 6 MPa、入口压力为 0.3 MPa。用电子天平对抽油泵出口端的液相介质进行质量测量,并记录质量流量的时间,结合多级软柱塞抽油泵的冲程、冲速等参数计算不同长度软柱塞抽油泵的泵效。通过改变每级软柱塞的长度进行 5 组对比试验,具体试验数据如表 5-4 所示。

表 5-4　不同长度软柱塞抽油泵的泵效

级数	每级长度/mm	理论质量排量/(kg · min^{-1})	液体质量/kg	时间/s	实际质量排量/(kg · min^{-1})	泵效/%
1	30.0	2.543	1.254	60.73	1.239	48.718
2	35.0	2.543	1.447	60.42	1.437	56.482
3	40.0	2.543	1.595	60.58	1.580	62.126
4	45.0	2.543	1.710	60.81	1.687	66.319
5	50.0	2.543	1.764	60.54	1.748	68.738

对表 5-4 中的试验数据进行曲线拟合,得到多级软柱塞抽油泵泵效随软柱塞长度变化的曲线。同时,采用双向流固耦合分析方法对相同参数的多级软柱塞进行泄漏量计算,通过探索泵效与泄漏量、理论质量排量的关系,得到数值模拟方法的泵效随长度变化的曲线,如图 5-6 所示。

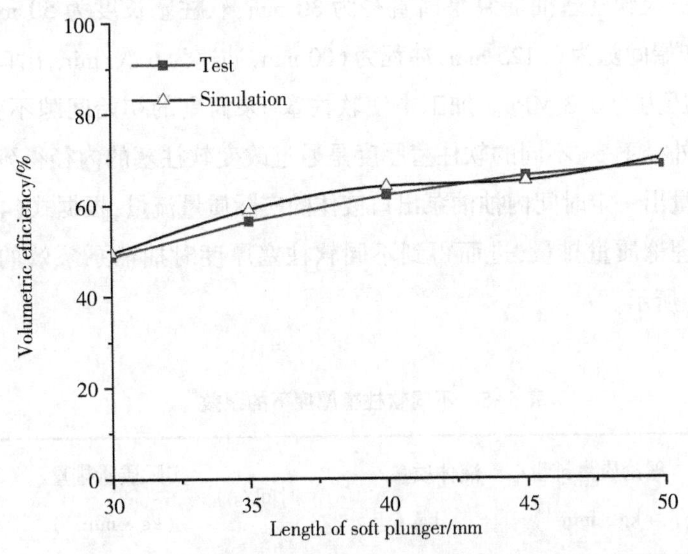

图 5-6　多级软柱塞抽油泵泵效随软柱塞长度变化的曲线

注:Test 为试验测试结果;Simulation 为模拟计算结果。

对模拟计算结果与试验测试结果进行分析可知,两种情况下多级软柱塞抽油泵的泵效随长度变化的趋势一致,均呈现正相关特性,即抽油泵的泵效随着软柱塞长度的增大而增大。但是,试验测试数据与模拟计算数据存在一定的差距,分析其主要原因有以下两点:

①模拟过程中抽油泵软柱塞膨胀变形不均匀、呈现非线性特点,采用介于最大变形量和最小变形量之间的平均值进行计算,该值与软柱塞实际变形量存在误差,致使模拟计算的泄漏量与试验泄漏量不同,引起模拟计算泵效与试验测试泵效数值上的差距。

②抽油泵软柱塞及泵筒的加工精度控制是制造难点,软柱塞的形状误差是导致模拟计算泵效与试验泵效存在差距的重要影响因素之一,模拟计算是在忽略软柱塞-泵筒副间隙误差情况下的一种理想状态。

计算多级软柱塞抽油泵试验测试泵效与双向流固耦合模拟计算泵效的相对误差,结果表明,相对误差最大值控制在5%之内,符合“理论模拟数据与试验数据差值合理”的要求。

5.3.1.3 厚度

试验中三级软柱塞抽油泵泵筒直径为30 mm,软柱塞长度为50 mm,软柱塞-泵筒副初始间隙为0.125 mm,冲程为600 mm,冲速为6次/min,出口压力为6 MPa,入口压力为0.3 MPa。加工中使软柱塞-泵筒副的初始间隙不变,即保证软柱塞的外径不变,不同的软柱塞厚度是通过改变软柱塞的内径得到的。用电子天平测量出一定时间内抽油泵出口液体的实际质量流量,根据式(4-40)计算抽油泵的理论质量排量,进而得到不同软柱塞厚度时抽油泵泵效的测试结果,如表5-5所示。

表5-5 不同软柱塞厚度下的泵效

软柱塞厚度/mm	理论质量排量/($kg \cdot min^{-1}$)	液体质量/kg	时间/s	实际质量排量/($kg \cdot min^{-1}$)	泵效/%
2.0	2.543	1.839	60.73	1.816	71.412
2.5	2.543	1.784	60.22	1.778	69.917

续表

软柱塞厚度/mm	理论质量排量/(kg · min^{-1})	液体质量/kg	时间/s	实际质量排量/(kg · min^{-1})	泵效/%
3.0	2.543	1.763	60.33	1.753	68.934
3.5	2.543	1.756	60.67	1.737	68.305
4.0	2.543	1.721	60.54	1.705	67.047

对表 5-5 中的数据进行曲线拟合,得到水介质条件下多级软柱塞抽油泵的泵效随软柱塞厚度变化的曲线,如图 5-7 所示。

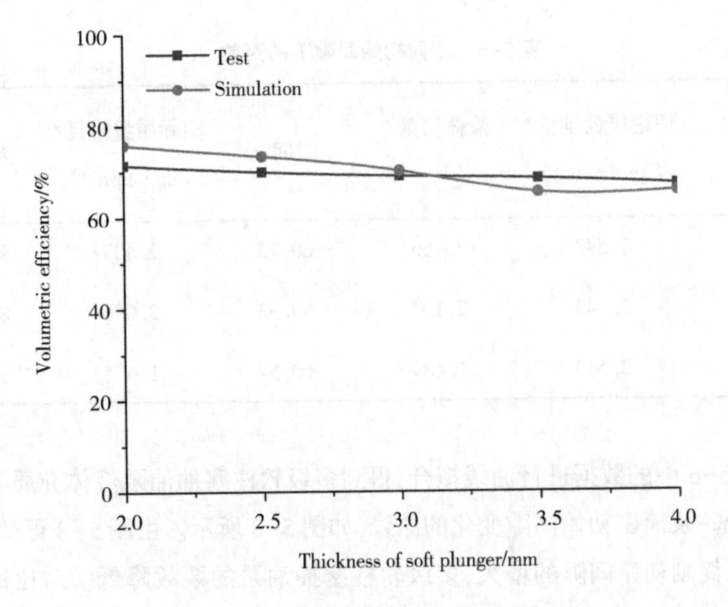

图 5-7　抽油泵泵效随软柱塞厚度变化的曲线

由图 5-7 可知,随着软柱塞厚度的增大,多级软柱塞抽油泵的泵效减小,试验测试泵效曲线与模拟计算泵效曲线均呈现相同的变化规律。分析其原因主要是,软柱塞变形量随着厚度的增大而减小,泄漏量随变形量的增大而减小,即软柱塞越厚,泄漏量越大。泄漏量是引起泵效变化的重要因素,因此软柱塞厚度变化可以引起抽油泵泵效变化。但由试验数据及得到的曲线可知,软柱塞厚度对抽油泵泵效的影响效果不是特别显著。通过对比试验测试泵效曲线与模拟计算泵效曲线，抽油泵试验泵效与模拟计算的抽油泵泵效十分接近，对比试验结果与模拟结果，两种方法的泵效相差不到±7%。

5.3.1.4 初始间隙

软柱塞-泵筒副的初始间隙是影响多级软柱塞抽油泵泵效的主要因素之一。本次试验中软柱塞抽油泵的泵筒直径为30 mm，软柱塞级数为3级，每级软柱塞的长度为50 mm、厚度为3 mm，冲程为600 mm，冲速为6次/min，出口压力为6 MPa，入口压力为0.3 MPa。采用软柱塞与泵筒配置的方式得到初始间隙，并采用上述相同的计算方法得到不同软柱塞-泵筒副间隙所对应的泵效，如表5-6所示。

表5-6 不同初始间隙下的泵效

初始间隙/mm	理论质量排量/($kg \cdot min^{-1}$)	液体质量/kg	时间/s	实际质量排量/($kg \cdot min^{-1}$)	泵效/%
0.107	2.543	2.466	60.73	2.437	95.832
0.117	2.543	2.107	60.33	2.096	82.422
0.127	2.543	1.489	60.54	1.475	58.002

对表5-6中的数据进行曲线拟合，得到多级软柱塞抽油泵液体介质下的泵效随软柱塞-泵筒副初始间隙变化的曲线，如图5-8所示。由图5-8可知，随着软柱塞-泵筒副初始间隙的增大，多级软柱塞抽油泵的泵效降低。对比试验测试数值与双向流固耦合模拟计算数值得到，试验测试的抽油泵泵效与数值模拟计算的泵效很接近，两者吻合度大于90%。

抽油泵泄漏量受到多级软柱塞结构参数的影响。研究软柱塞-泵筒副的初始间隙与抽油泵泵效的相关性，是确定软柱塞外径及内径参数的必要条件。在满足软柱塞其他结构参数不变的条件下，仅改变软柱塞-泵筒副的初始间隙，其实质是在厚度恒定时，通过改变软柱塞内径和外径来实现。改变初始间隙不仅对软柱塞的加工精度及成本提出了更高的要求，而且初始间隙会随着井下温度的升高而减小、随着井深的增加而变大。因此,还要根据实际工况对软柱塞-泵筒副的初始间隙做适当调整。

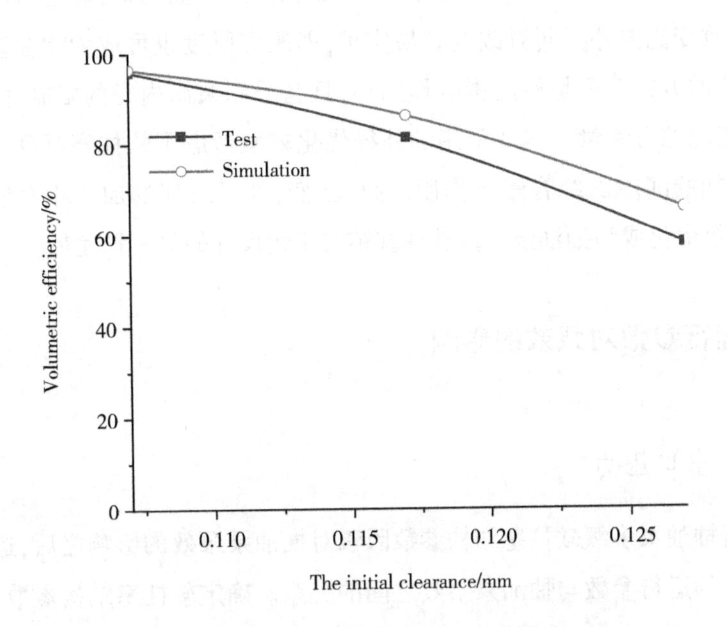

图 5-8　抽油泵泵效随初始间隙变化的曲线

对比分析软柱塞长度、厚度以及软柱塞-泵筒副初始间隙三个主要结构参数对泵效的影响及加工难易程度,结果如表 5-7 所示。

表 5-7　软柱塞不同结构参数比较

参数	高→低
对泵效的影响	初始间隙—长度—厚度
加工难度	初始间隙—厚度—长度

经分析可知,软柱塞的长度、厚度以及软柱塞-泵筒副的初始间隙对抽油泵的泵效产生不同程度的影响:初始间隙对泵效的影响效果最显著,长度的影响次之,影响最弱的是软柱塞厚度。三种结构参数中软柱塞-泵筒副的初始间隙属于相对较难控制的一种影响因素,其次是软柱塞厚度,软柱塞长度的加工难

度最低。因此,改变多级软柱塞的长度是最简易的一种优化方案,它成为抽油泵多级软柱塞结构设计及参数优化的首选方式。软柱塞厚度和软柱塞-泵筒副初始间隙对抽油泵泵效产生一定的影响,从加工制造方面考虑,软柱塞的外径不变、内径改变比内外径同时改变容易实现,即改变厚度也可成为软柱塞结构设计及优化的方式。但是厚度影响作用小,且它受到泵筒内径的限制,故必须结合实际工况综合考量。本节采用的外径优化方案考虑了软柱塞厚度和软柱塞-泵筒副初始间隙的综合影响作用,内径不变、外径改变的加工相对容易实现,外径参数优化成为抽油泵多级软柱塞结构优化设计的另一种途径。

5.3.2 运行参数对泵效的影响

5.3.2.1 出口压力

在分析抽油泵多级软柱塞结构参数因素对抽油泵泵效的影响之后,进一步探讨软柱塞的运行参数与抽油泵泵效之间的关系。确定软柱塞结构参数:抽油泵泵筒直径为 30 mm,软柱塞级数为 3 级、长度为 50 mm、厚度为 3 mm,软柱塞-泵筒副初始间隙为 0.125 mm。通过改变冲速、出口压力等参数,分析抽油泵泵效随滑动速度及工作压差变化的规律。

设定试验抽油泵冲程为 600 mm,冲速为 6 次/min,入口压力为 0.3 MPa。为了获得不同的压差,保持抽油泵入口压力值不变,通过改变模拟试验平台抽油泵出口流程中溢流阀 1 的压力值得到不同出口处的压力值。根据抽油泵的冲程、冲速及液体密度等参数,并结合电子天平测量的抽油泵出口处的液体质量数值,计算得到抽油泵的泵效试验测试结果,如表 5-8 所示。

表 5-8 不同出口压力下的泵效

出口压力/MPa	理论质量排量/($kg \cdot min^{-1}$)	液体质量/kg	时间/s	实际质量排量/($kg \cdot min^{-1}$)	泵效/%
3.0	2.543	2.343	60.42	2.327	91.506
4.5	2.543	2.042	60.58	2.022	79.512

续表

出口压力/MPa	理论质量排量/(kg·min^{-1})	液体质量/kg	时间/s	实际质量排量/(kg·min^{-1})	泵效/%
6.0	2.543	1.796	60.81	1.772	69.681
7.5	2.543	1.544	60.54	1.530	60.165
9.0	2.543	1.306	60.69	1.292	50.806

多级软柱塞抽油泵液相介质下的泵效随抽油泵出口压力变化的曲线如图 5-9 所示。由图 5-9 可知，抽油泵泵效与抽油泵出口压力负相关，即泵效随着压差的增大而减小。通过对比试验数据与模拟数据可知，多级软柱塞抽油泵试验泵效与模拟计算泵效非常接近，两者相差不到±6%。

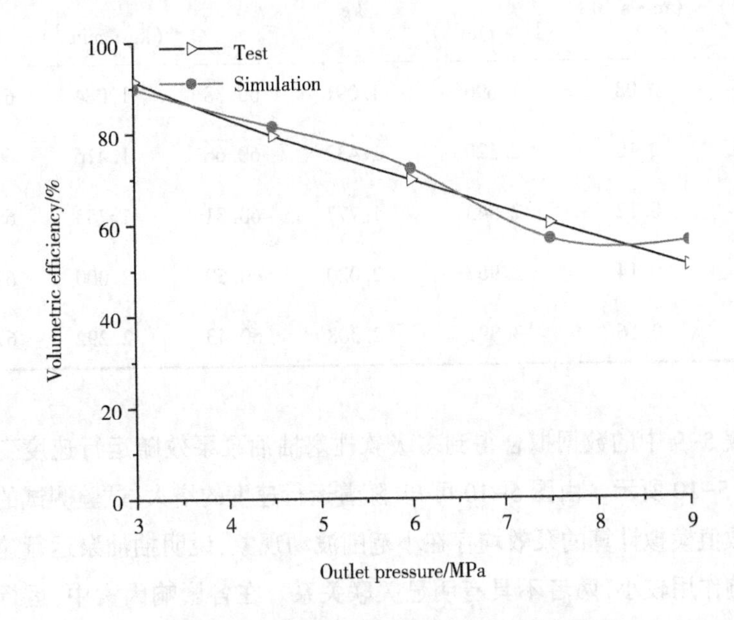

图 5-9　抽油泵泵效随出口压力变化的曲线

注：横坐标为出口压力。

5.3.2.2 运行速度

通过改变多级软柱塞抽油泵模拟试验装置中模拟抽油机的冲速,可以得到不同的抽油泵运行速度,进而揭示运行速度因素对抽油泵泵效的影响规律。确定试验参数:软柱塞抽油泵泵筒直径为 30 mm,软柱塞级数为 3 级、长度为 50 mm、厚度为 3 mm,软柱塞-泵筒副初始间隙为 0.125 mm,冲程为 600 mm,设定抽油泵出口压力为 6 MPa、入口压力为 0.3 MPa。根据抽油机的冲程、冲速及液体密度等参数,结合电子天平测量的抽油泵出口处的液体质量数值,得到抽油泵的泵效试验结果,如表 5-9 所示。

表 5-9 不同运行速度下的泵效

冲速/(次·min^{-1})	运行速度/($m\cdot s^{-1}$)	理论质量排量/($kg\cdot min^{-1}$)	液体质量/kg	时间/s	实际质量排量/($kg\cdot min^{-1}$)	泵效/%
4	0.08	1.696	1.091	60.38	1.084	63.915
5	0.10	2.120	1.432	60.66	1.416	66.792
6	0.12	2.543	1.777	60.81	1.753	68.934
7	0.14	2.967	2.020	60.59	2.000	67.408
8	0.16	3.391	2.308	60.43	2.292	67.591

根据表 5-9 中的数据拟合得到多级软柱塞抽油泵泵效随运行速度变化的曲线,如图 5-10 所示。由图 5-10 可知,随着运行速度的增大,试验测试的抽油泵泵效与数值模拟计算的泵效均存在小范围波动现象,说明抽油泵运行速度对泵效的影响作用较小,两者不具有明显关联关系。在各影响因素中,运行速度主要表现为剪切流形式,故其对泄漏量的影响作用较小,这与式(4-8)——泄漏量的理论公式一致。随着抽油泵运行速度的增大,抽油泵泵效呈现先增大后减小的变化趋势;不论是试验测试的泵效曲线,还是数值模拟的泵效曲线,都趋于平缓,说明抽油泵泵效变化不大。因此,将抽油泵冲程设定为一定数值时,改变抽油泵冲速,泵效近似不变,即以调节冲速方式得到的抽油泵泵效不具有明

显变化特征。采用双向流固耦合方法对相同参数情况下进行数值计算,对比试验结果与数值计算结果可知,两者非常接近,差值较小。从泵效随运行速度变化的曲线可以看出:试验测试泵效曲线与数值模拟泵效曲线处于胶着状态,主要是由于以设定变频器频率方式使抽油泵冲速发生改变,有效避免了尺寸精度及安装精度对抽油泵泵效的影响。

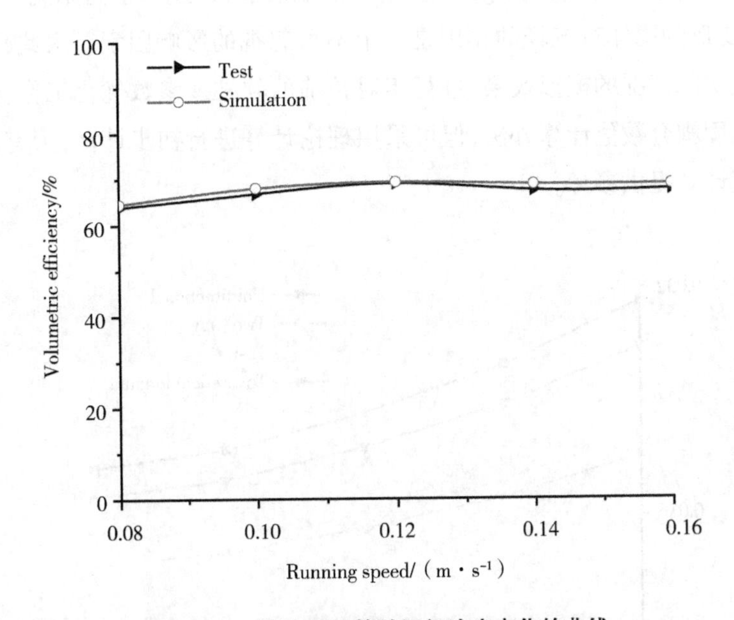

图5-10　抽油泵泵效随运行速度变化的曲线

注:横坐标为运行速度。

通过以上分析可知:运行速度属于抽油泵泵效的潜在影响因素,且存在不明显的影响作用;工作压差对抽油泵泵效影响显著,呈现负相关特性。对比工作压差与结构参数对抽油泵的影响意义,结果表明,工作压差作为影响抽油泵泵效的因素之一,与结构参数对软柱塞分级承压作用不同,工作压差受工况条件限制,这是合理设计软柱塞级数的基本参考与理论依据。

5.3.3　不同计算方法比较

本节分别以单向流固耦合、双向流固耦合、理论公式三种形式对多级软柱塞抽油泵的泄漏量与泵效进行计算，采用不同数值计算方法取得的理论计算结果与试验测试结果存在一定差异。以泄漏量为研究对象比较三种方法的数值模拟计算结果与试验测试结果的差距，如图 5-11 所示。

由图 5-11 可知：单向流固耦合计算泄漏量与试验测试泄漏量差距较大；双向流固耦合计算泄漏量与试验测试泄漏量比较吻合；理论公式计算泄漏量介于两者之间。双向流固耦合计算烦琐、工作量大且不易收敛；理论公式计算速度快、简单易行；单向流固耦合计算难度适中。抽油泵软柱塞-泵筒副流体属于缝隙流，且变形的固体对流场的作用是一个不可忽视的影响因素。因此，为了达到更接近实际工况的模拟效果，进行相对精确的软柱塞参数优化工作，必须采用双向流固耦合数值计算方法，但可采用理论计算进行初步计算，为有限元分析及数值计算提供参考。

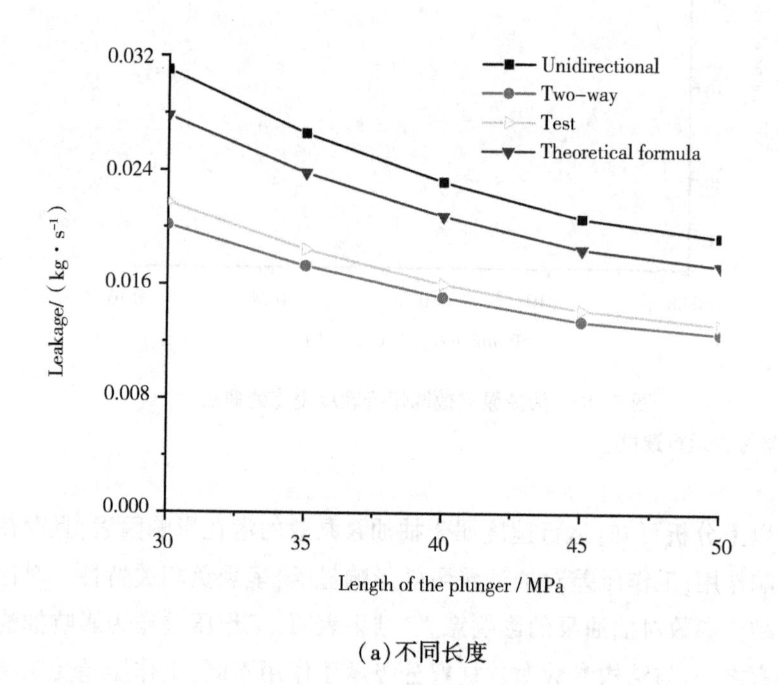

（a）不同长度

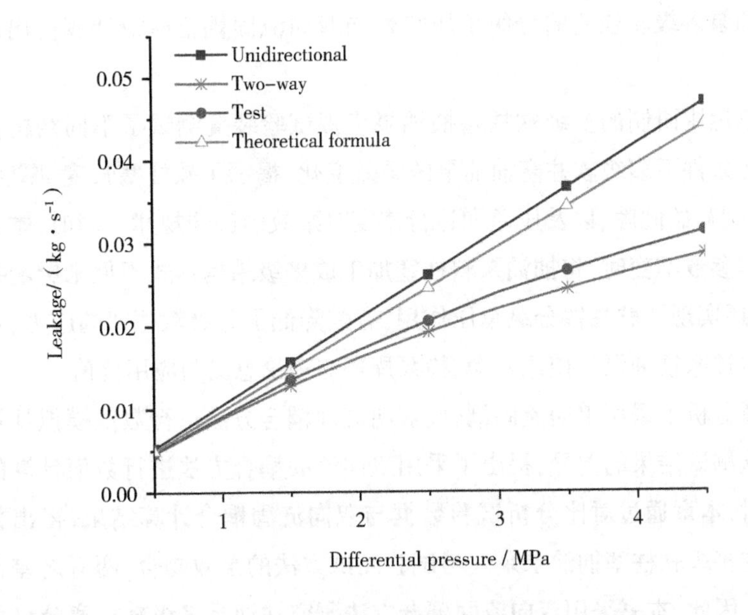

(b)不同压差

图 5-11　不同计算方法的泄漏量与试验测试数据的比较

注:Unidirectional 为单向流固耦合;Two-way 为双向流固耦合;Test 为试验测试结果;Theoretical formula 为理论公式。

5.4　本章小结

①本章针对抽油泵多级软柱塞分级承压特性研究的需要,确定了一套满足多级软柱塞抽油泵工况的试验方案,研制了抽油泵液相介质流量及压力模拟试验装置。该装置中,模拟抽油泵在三相异步电动机驱动下实现往复运动,模拟抽油机的冲程及冲速能满足一定范围内的调节要求,通过抽油泵入口及出口流程中溢流阀的调节实现不同试验条件的入口、出口压力值。

②上冲程中,软柱塞受内、外侧大小不一致的液相介质压力作用而产生变形,同时变形也会影响抽油泵软柱塞的压力分布。本章以长度优化及外径优化的两组三级软柱塞为试验对象,运用研制的多级软柱塞抽油泵模拟试验装置,通过测试软柱塞级数递增变化时抽油泵的出口压力,以及采用差值法计算出每级软柱塞的压力,得出抽油泵多级软柱塞的压力分布规律。结果表明,由试验

获得的抽油泵多级软柱塞的分级承压特性与双向流固耦合模拟计算得出的结果一致。

③本章运用研制的多级软柱塞抽油泵模拟试验装置测试了不同结构参数和运行参数条件下多级软柱塞抽油泵的泵效变化,揭示了软柱塞长度、厚度,软柱塞-泵筒副初始间隙,以及压差和运行速度对泵效的影响规律。同时,本章验证了在工作参数不变时,将抽油泵软柱塞加工成多级结构形式不但未影响抽油泵的泵效,还实现了软柱塞分级承压作用,有效降低了每级软柱塞的应力,对于延长多级软柱塞抽油泵的使用寿命、检泵周期有理论意义与应用价值。

④本章分析了采用单向流固耦合、双向流固耦合方法进行数值模拟计算的结果与试验测试结果的差异,提出了采用双向流固耦合方法进行数值计算的必要性。同时,本章通过对比分析试验数据与双向流固耦合计算结果,得出数值模拟计算的多级软柱塞抽油泵泵效与试验测试方法的泵效吻合,两者之差在允许范围内。因此,本书采用双向流固耦合方法研究抽油泵多级软柱塞分级承压特性及泵效是有效的,计算结果具有工程应用价值。

附　　录

附表 1-1　聚氨酯单轴拉伸试验试件参数

试件编号	硬段含量/%	标距/mm	宽度/mm	厚度/mm	拉伸速率/（mm·min^{-1}）	应变率/s^{-1}
1	38	33.03	6.08	2.04	20	0.01
2	38	32.96	6.11	2.03	20	0.01
3	38	33.07	5.98	2.10	20	0.01
4	38	33.02	6.07	1.96	2	0.001
5	38	32.98	5.94	1.97	2	0.001
6	38	32.94	6.13	2.04	2	0.001
7	38	33.05	5.96	1.98	0.2	0.0001
8	38	33.14	6.04	2.02	0.2	0.0001
9	38	32.95	6.03	1.99	0.2	0.0001
10	49	33.04	6.05	1.98	20	0.01
11	49	32.98	6.03	2.02	20	0.01
12	49	33.06	5.99	2.01	20	0.01
13	49	32.89	6.04	1.97	2	0.001
14	49	33.10	5.97	2.02	2	0.001
15	49	33.07	6.01	1.98	2	0.001
16	49	32.92	6.02	1.97	0.2	0.0001
17	49	32.96	5.97	2.03	0.2	0.0001
18	49	33.05	6.04	2.01	0.2	0.0001

附表 1-2　聚氨酯单轴压缩试验试件参数

试件编号	硬段含量/%	直径/mm	高度/mm	应变率/s^{-1}
1	49	29.13	12.49	0.00002
2	49	29.11	12.48	0.00002
3	49	28.97	12.49	0.00002
4	49	29.03	12.44	0.0002
5	49	29.05	12.43	0.0002
6	49	28.94	12.50	0.0002
7	49	29.11	12.43	0.001
8	49	29.06	12.56	0.001
9	49	29.09	12.58	0.001
10	49	29.02	12.52	0.002
11	49	29.12	12.48	0.002
12	49	29.14	12.56	0.002
13	38	29.06	12.52	0.00002
14	38	28.97	12.49	0.00002
15	38	29.03	12.51	0.00002
16	38	29.01	12.50	0.0002
17	38	28.98	12.49	0.0002
18	38	28.96	12.47	0.0002
19	38	29.04	12.50	0.001
20	38	29.03	12.53	0.001
21	38	28.99	12.54	0.001
22	38	28.95	12.48	0.002
23	38	29.04	12.47	0.002
24	38	29.04	12.52	0.002

参考文献

[1]邵光超. 油田结垢与防垢技术研究[D]. 大庆:东北石油大学,2015.

[2]姜民政,朱君,李金铃,等. 三元复合驱油井结垢分析及防垢剂研制[J]. 石油化工腐蚀与防护,2003,20(3):25-28.

[3]高清河. 强碱三元复合驱成垢及化学控制技术研究[D]. 大庆:东北石油大学,2013.

[4]何俊,赵宗泽,李跃华,等. 物理方法除垢阻垢技术的研究现状及进展[J]. 工业水处理,2010,30(9):5-9.

[5]王勇. 二合一加热炉物理防垢技术研究[J]. 石油规划设计,2011,22(6):43-45.

[6]赵树洋,刘道信. 有杆抽油泵使用与研究现状以及发展展望[J]. 山东机械,2003(3):49-50.

[7]罗治中. 国内外抽油泵发展动态与展望[J]. 石油矿场机械,1986,15(3):22-28.

[8]田荣恩,焦丽颖,杨峰,等. 长柱塞防砂卡抽油泵技术改进及现场试验[J]. 石油机械,2001,29(8):46-48.

[9]姜文峰. 高效防砂抽油泵的研制[J]. 石油机械,2005,33(5):48-49.

[10]罗燕,张丁涌,孙衍东,等. 特种泵采油技术的研究[J]. 石油矿场机械,2004,33(1):8-10.

[11]张端光,杜风华,葛善华. 防砂抽油泵在胜利油田的应用[J]. 钻采工艺,2002,25(3):66-68.

[12]叶卫东. 抽油泵气液两相流动机理及防气性能研究[D]. 大庆:东北石油大学,2018.

[13]王宏华,吝拥军,李建雄,等.抽油泵泵筒内防气技术研究应用[J].内蒙古石油化工,2008(15):133-134.
[14]孙双.长塞环封防气防砂抽油泵的研制[J].石油机械,2010,38(10):51-52.
[15]姜凤玖,杨峰,田荣恩,等.液力反馈式抽稠防砂泵的研制与应用[J].石油机械,2003,31(6):49-51.
[16]曾庆坤,程正全.浸入式抽稠油泵及其配套工艺[J].石油机械,1997,25(2):40-42,60.
[17]杜亚军.新型偏心抽稠泵在新庄油田的应用[J].石油地质与工程,2018,32(5):116-118.
[18]闫伟,尹松,杜劲.抽油机的发展及抽油模式的改进[J].机械工程师,2007(3):111-112.
[19]李宗田,刘应红.采油工艺技术新进展及发展趋势[J].断块油气田,2000(1):5,6-9.
[20]徐金超.举升含聚合物黏弹性流体液压自封柱塞泵的设计[J].油气田地面工程,2013,32(11):52-53.
[21]王艳丽,冉令国,郭群,等.软柱塞可捞固定阀抽油泵的研究与应用[J].石油钻采工艺,2010,32(2):68-70.
[22]李强,孙春龙,莫非.新型自封式软柱塞抽油泵的研究与应用[J].通用机械,2009(6):37-38.
[23]崔立峰,褚贵良,李春东,等.液力启动软柱塞抽油泵在出砂区块生产中的应用[J].特种油气藏,2002,9(5):77-79.
[24]李俊亮.液压自封柱塞泵的结构优化设计[D].青岛:中国石油大学(华东),2007.
[25]许家勤,高宏.组合柱塞防卡抽油泵的设计[J].石油机械,2005,33(6):50-51.
[26]孙蕾,孙西欢,李永业,等.不同直径比条件下同心环状缝隙流的水力特性[J].人民黄河,2014,36(11):110-113.
[27]王岩.三元复合驱卡抽油泵关键技术研究[D].大庆:东北石油大学,2014.
[28]李强.三元复合驱软柱塞分段抽油泵设计与试验研究[J].石油矿场机械,

2014,43(4):68-70.

[29]赵英志,沈金龙,郭振宇.软密封柱塞泵的研制与应用[J].石油机械,2011,39(8):82-84.

[30]吴小锋,刘春节,干为民,等.典型柱塞泵动态流固耦合解析与试验研究[J].机床与液压,2015,43(3):108-111.

[31]刘洋.柱塞泵及管路流固耦合振动特性研究[D].太原:太原理工大学,2016.

[32]翟江.海水淡化高压轴向柱塞泵的关键技术研究[D].杭州:浙江大学,2012.

[33]杜发荣,岳育元.柱塞油泵的流场数值研究[J].科学技术与工程,2011,11(3):595-597.

[34]肖同镇.共轨系统高压油泵柱塞副的泄漏特性数值仿真研究[D].北京:北京理工大学,2015.

[35]PESKIN C S. The immersed boundary method[J]. Acta numerica,2002,11:479-517.

[36]PESKIN C S,PRINTZ B F. Improved volume conservation in the computation of flows with immersed elastic boundaries[J]. Journal of computational physics,1993,105(1):33-46.

[37]GOLDSTEIN D,HANDLER R,SIROVICH L. Modeling a no-slip flow boundary with an external force field[J]. Journal of computational physics,1993,105(2):354-366.

[38]YE T,MITTAL R,UDAYKUMAR H S,et al. An accurate cartesian grid method for viscous incompressible flows with complex immersed boundaries[J]. Journal of computational physics,1999,156(2):209-240.

[39]ZHAO Y B. Numerical simulations of constrained multibody systems[D]. Hong Kong:The Chinese University of Hong Kong,2005.

[40]郭磊.弹性聚氨酯耐磨涂层的研究[D].青岛:山东科技大学,2009.

[41]王文忠,张晨,陈剑华.有机硅改性聚氨酯的研究进展[J].有机硅材料,2001,15(5):33-37.

[42]商婷.热塑性聚醚酯弹性体合成、性能及应用研究[D].武汉:武汉理工大

学,2008.

[43]COHN D,LANDO G,SOSNIK A,et al. PEO-PPO-PEO-based poly(ether ester urethane)s as degradable reverse thermo-responsive multiblock copolymers[J]. Biomaterials,2006,27(9):1718-1727.

[44]CHEN M L,YAN W,CHEN Y X,et al. Determination of impurities in flame retardant monomer 2-carboxyl ethyl(phenyl) phosphinic acid by ion chromotography[J]. Journal of chromatography a,2007,1155(1):45-49.

[45]GUAN J J,FUJIMOTO K L,SACKS M S,et al. Preparation and characterization of highly porous,biodegradable polyurethane scaffolds for soft tissue applications[J]. Biomaterials,2005,26(18):3961-3971.

[46]翁汉元. 聚氨酯工业发展状况和技术进展[J]. 化学推进剂与高分子材料,2008,6(1):1-7.

[47]杨华锐. 聚醚醚酮复合粉末的制备与性能研究[D]. 武汉:武汉工程大学,2017.

[48]许治平. 高性能连续纤维增强聚醚醚酮复合材料的制备及性能研究[D]. 长春:吉林大学,2017.

[49]赵魏,杨德安,梁崇,等. PEEK 及其复合材料的研究与应用[J]. 材料导报,2003,17(9):68-70.

[50]付国太,刘洪军,张柏,等. PEEK 的特性及应用[J]. 工程塑料应用,2006,34(10):69-71.

[51]盖伟涛,戴瑾华. 井下螺杆泵定子的失效分析及解决方法[J]. 石油矿场机械,2008,37(9):71-73.

[52]何恩球. 丁腈基螺杆泵定子橡胶配方设计及摩擦磨损行为研究[D]. 沈阳:沈阳工业大学,2018.

[53]KHALF A I,NASHAR D E E,MAZIAD N A. Effect of grafting cellulose acetate and methyl methacrylate as compatibilizer onto NBR/SBR blends[J]. Materials & design,2010,31(5):2592-2598.

[54]SHOKRI A A,BAKHSHANDEH G,FARAHANI T D. An investigation of mechanical and rheological properties of NBR/PVC blends: influence of anhydride additives,mixing procedure and NBR form[J]. Iranian polymer

journal,2006,15(3):227-237.

[55]MULLINS L. Softening of rubber deformation[J]. Rubber chemistry and technology,1969,42(1):339-362.

[56]MULLINS L,TOBIN N R. Theoretical model for the elastic behavior of filler-reinforced vulcanized rubbers[J]. Rubber chemistry and technology,1957,30(2):555-571.

[57]CASTAGNA A M,PANGON A,CHOI T,et al. The role of soft segment molecular weight on microphase separation and dynamics of bulk polymerized polyureas[J]. Macromolecules,2012,45(20):8438-8444.

[58]赵华,王敏杰,张磊,等. 聚氨酯弹性体粘弹本构建模[J]. 大连理工大学学报,2009,49(4):512-517.

[59]刘厚钧. 聚氨酯弹性体手册[M]. 2 版. 北京:化学工业出版社,2012.

[60]QI H J,BOYCE M C. Stress-strain behavior of thermoplastic polyurethanes[J]. Mechanics of materials,2005,37(8):817-839.

[61]HOLZAPFEL G A. On large strain viscoelasticity:continuum formulation and finite element applications to elastomeric structures[J]. International journal for numerical methods in engineering,1996,39(22):3903-3926.

[62]BERGSTRÖM J S,BOYCE M C. Constitutive modeling of the large strain time-dependent behavior of elastomers[J]. Journal of the mechanics and physics of solids,1998,46(5):931-954.

[63]BERGSTRÖM J S,BOYCE M C. Large strain time-dependent behavior of filled elastomers[J]. Mechanics of materials,2000,32(11):627-644.

[64]BERGSTRÖM J S,BOYCE M C. Constitutive modeling of the time-dependent and cyclic loading of elastomers and application to soft biological tissues[J]. Mechanics of materials,2001,33(9):523-530.

[65]梁志国. 聚氨酯弹性体夹层结构层间开裂机理研究[D]. 哈尔滨:哈尔滨工程大学,2017.

[66]吴晔. 硬质聚氨酯弹性体制备及其本构研究[D]. 哈尔滨:哈尔滨工程大学,2012.

[67]李云鹏. 聚氨酯缓冲装置的设计与优化匹配研究[D]. 武汉:华中科技大

学,2013.

[68]薛启超. 聚氨酯弹性体钢夹层板的力学性能研究[D]. 哈尔滨:哈尔滨工程大学,2013.

[69]刘永超. 聚氨酯海绵磁流变弹性体力学性能及其应用研究[D]. 哈尔滨:哈尔滨工程大学,2018.

[70]黄萌萌. 聚氨酯软泡热粘弹性本构关系及其热模压成型模拟[D]. 苏州:苏州大学,2018.

[71]韩国有,董阳阳,韩道权,等. 螺杆泵定子橡胶力学试验及本构模型研究[J]. 橡胶工业,2017,64(5):295-299.

[72]JOHNSON G R,COOK W H. Fracture characteristics of three metals subjected to various strains,strain rates,temperatures and pressures[J]. Engineering fracture mechanics,1985,21(1):31-48.

[73]LIN Y C,CHEN X M,LIU G. A modified Johnson-Cook model for tensile behaviors of typical high-strength alloy steel[J]. Materials science and engineering,2010,527(26):6980-6986.

[74]LIN Y C,CHEN X M. A critical review of experimental results and constitutive descriptions for metals and alloys in hot working[J]. Materials & design,2011,32(4):1733-1759.

[75]CHEN F,OU H G,LU B,et al. A constitutive model of polyether-ether-ketone (PEEK)[J]. Journal of the mechanical behavior of biomedical,2016,53:427-433.

[76]LIN Y C,CHEN X M. A combined Johnson-Cook and Zerilli-Armstrong model for hot compressed typical high-strength alloy steel[J]. Computational materials science,2010,49(3):628-633.

[77]CHEN F,OU H G,GATEA S,et al. Hot tensile fracture characteristics and constitutive modelling of polyether-ether-ketone(PEEK)[J]. Polymer testing,2017,63:168-169.

[78]徐灏. 密封[M]. 北京:冶金工业出版社,1999.

[79]付忠学,郭峰,黄柏林. 表面特性对纯滑弹流油膜形状和摩擦力的影响的试验研究[J]. 摩擦学学报,2013,33(2):112-117.

[80]侯煜. 基于 CFD 环形间隙泄漏量及摩擦力的仿真计算[D]. 太原:太原理工大学,2007.

[81]苏新军,王祺,王树众. 垂直下降管内油气水三相流的摩擦压降研究[J]. 油气储运,2002,21(11):40-44.

[82]李宪鹏. 点接触润滑油膜摩擦力特性研究[D]. 青岛:青岛理工大学,2018.

[83]蒋俊,曾良才,湛从昌,等. 间隙密封液压缸摩擦力分析[J]. 机床与液压,2015,43(19):91-94,131.

[84]郭国凡. 水润滑轴承材料的摩擦磨损性能及摩擦学机理研究[D]. 厦门:集美大学,2016.

[85]林有希,高诚辉. PEEK 基自润滑复合材料的摩擦学研究和应用[J]. 润滑与密封,2006(2):171-177.

[86]李恩重,徐滨士,王海斗,等. 玻璃纤维增强聚醚醚酮复合材料在水润滑下的摩擦学性能[J]. 材料工程,2014(3):77-82,89.

[87]程芳伟,姜其斌,张志军. 聚醚醚酮耐磨改性研究进展[J]. 工程塑料应用,2014,42(1):126-129.

[88]李美洁. 浇注型聚氨酯基复合材料的组织性能研究[D]. 成都:西南交通大学,2018.

[89]王秋实. 纳米聚氨酯复合材料耐磨性能研究[D]. 北京:北京建筑大学,2013.

[90]张嗣伟. 橡胶磨损原理[M]. 北京:石油工业出版社,1998.

[91]吕仁国,李同生. 载荷对丁腈橡胶摩擦学特性的影响[J]. 润滑与密封,2001(6):29-30.

[92]杜秀华. 采油螺杆泵螺杆-衬套副力学特性及磨损失效研究[D]. 大庆:东北石油大学,2010.

[93]祖海英. 采油螺杆泵定子疲劳寿命预测及试验研究[D]. 大庆:东北石油大学,2018.

[94]杨凤艳. 螺杆泵定子用丁腈基橡胶的摩擦磨损性能研究[D]. 沈阳:沈阳工业大学,2014.

[95]胡敏. 轴向柱塞泵摩擦副功率损失分析与表面形貌设计研究[D]. 杭州:浙江大学,2017.

[96]刘富.有杆抽油泵系统工作行为仿真研究[D].成都:西南石油大学,2003.

[97]陈军.基于井液流动和接箍效应的抽油杆柱偏磨理论与防偏磨策略研究[D].青岛:中国石油大学(华东),2010.

[98]杨秀峰.水压环形缝隙泄漏特性的理论和实验研究[D].武汉:华中科技大学,2012.

[99]蒋发光,张敏,曾兴昌.深井高温抽油泵泵筒-柱塞间隙对漏失影响研究[J].石油机械,2016,44(6):102-105,112.

[100]汪建华.抽油泵柱塞和泵筒环隙漏失量计算的新公式[J].石油矿场机械,2009,38(3):58-61.

[101]徐林.湍流工况下泵的环状间隙密封内流场分析及泄漏量计算[J].水泵技术,2002(2):17-20.

[102]郑俊德,刘合,阎熙照,等.聚合物产出液在抽油泵的缝隙中流动[J].石油学报,2000,21(1):71-76.

[103]范涛,丁南生,徐湘涛.基于ANSYS的湿式外包钢加固梁有限元分析[J].四川建筑科学研究,2008,34(1):79-82.

[104]CAO J. Application of a posteriori error estimation to finite element simulation of incompressible Navier-Stokes flow[J]. Computers & fluids,2005,34(8):991-1024.

[105]周增昊.基于流固耦合的蜗壳式混流泵压力脉动及结构特性分析[D].哈尔滨:哈尔滨工业大学,2015.

[106]王华坤.基于ALE动网格的流固耦合分区算法及其在流致振动分析中的应用[D].上海:上海交通大学,2015.

[107]柳欢欢.基于流固耦合的螺杆马达动态仿真[D].武汉:华中科技大学,2017.

[108]吕博儒.基于流固耦合的核主泵内部流动及动力特性研究[D].兰州:兰州理工大学,2019.

[109]陶莉莉.基于流固耦合的高速客车气动特性研究[D].济南:山东大学,2014.

[110]申炳申.基于FLUENT及LS-DYNA的生物瓣膜流固耦合分析[D].济南:山东大学,2017.

[111]文怀兴,孙建建,陈威.海洋环境下关键摩擦副材料的摩擦学研究现状与展望[J].材料导报,2016,30(15):85-91.

[112]王万成,何彬,姜朋飞,等.聚醚醚酮复合材料在不同水环境下的摩擦磨损行为[J].润滑与密封,2019,44(3):111-116.

[113]焦素娟.纯水液压柱塞泵及溢流阀关键技术的研究[D].杭州:浙江大学,2004.

[114]李良.海水淡化能量回收增压一体机关键结构设计与力学特性分析[D].杭州:浙江大学,2018.

[115]李双双.往复式压缩机管道的动力特性研究及工程应用[D].成都:西南石油大学,2016.

[116]伊鹏.低沉没度工况下抽油泵内流体流动特性研究[D].西安:西安石油大学,2019.

[117]鱼强.自清洁抽油泵旋流器流场模拟及结构设计[D].西安:西安石油大学,2019.

[118]何星.深水测试管柱流固耦合动力模型及应用研究[D].成都:西南石油大学,2015.

[119]于茂谦.抽油泵工作动态模型研究[D].青岛:中国石油大学(华东),2013.

[120]蒋发光,张敏,曾兴昌.深井高温抽油泵泵筒-柱塞间隙对漏失影响研究[J].石油机械,2016,44(6):102-105.

[121]BERGADA J M,KUMAR S,DAVIES D L,et al. A complete analysis of axial piston pump leakage and output flow ripples[J]. Applied mathematical modelling,2012,36(4):1731-1751.

[122]高晓东.塔河大排量抽稠泵间隙优化[D].成都:西南石油大学,2018.

[123]李连峰,伊秀娟,冠联星,等.基于 FLUENT 的抽油泵泵效仿真研究[J].石油矿场机械,2011,40(9):48-52.

[124]鹿胜玉.基于 FLUENT 的抽油泵泵效的仿真研究与优化[D].济南:山东大学,2008.

[125]冯国弟.抽油泵寿命的可靠性预测方法研究[D].秦皇岛:燕山大学,2013.

[126]孙宝福,金有海.影响抽油泵排量因素分析与改进措施探讨[J].石油机械,2007,35(10):72-75.

[127]姜晓刚,段敬黎,贾彦杰,等.影响抽油泵有效功率的因素分析与建议[J].石油机械,2011,39(8):69-73.

[128]赵天录.延长抽油泵使用寿命方法研究[J].石油石化节能,2013,3(5):4-5.

[129]聂松林,李硕,尹方龙,等.水液压泵柱塞套变形特性的流固耦合研究[J].中国机械工程,2020,31(10):1135-1141.

[130]HU C Y,YU H Q,HAN G Y,et al. Leakage of a multistage self-compensating soft plunger pump under different methods[J]. Journal of engineering science and technology review,2022,15(1):93-99.

[131]HU C Y,HAN G Y,YU H Q,et al. Correlative characteristics of leakage and structural factors in multistage soft plunger pump[J]. Journal of engineering science and technology review,2021,14(1):186-192.

[132]HU C Y,HAN G Y,CHEN W J,et al. Leakage mechanism of soft plunger pumps[J]. Journal of engineering science and technology review,2018,11(6):70-76.